2013
景观年鉴（1）
Landscape Yearbook I

刘琨 刘蔚 曹蕾蕾 编

天津大学出版社
TIANJIN UNIVERSITY PRESS

图书在版编目（CIP）数据

2013景观年鉴 : 全3册 / 刘琨、刘蔚、曹蕾蕾编.
-- 天津 : 天津大学出版社, 2013.7
ISBN 978-7-5618-4739-8

Ⅰ. ①2… Ⅱ. ①刘… ②刘… ③曹… Ⅲ. ①景观设计
—中国—2013—年鉴 Ⅳ. ①TU986.2-54

中国版本图书馆CIP数据核字(2013)第171472号

总 编 辑：上海颂春文化传播有限公司
美术编辑：王丹凤
责任编辑：陈柄岐

出版发行 天津大学出版社
出 版 人 杨欢
地　　址 天津市卫津路92号天津大学内（邮编：300072）
电　　话 发行部 022-27403647
网　　址 publish.tju.edu.cn
印　　刷 深圳市经典印务有限公司
经　　销 全国各地新华书店
开　　本 230mm×300mm
印　　张 17.5
字　　数 585千
版　　次 2013年7月第1版
印　　次 2013年7月第1次
定　　价 894.00元 （全3册）

序言

城市形象及人居环境问题成为热门话题至今已有好几年了，这可能是由于长期以来，城市建设和景观设计工作一直贯彻“实用、经济、适当关注美观”的方针，注重景观设计不够的一种“反弹”。而且，随着市场经济、对外开放和城市经济水平的提高，讲究形象、打造高品质人居环境的呼声越来越高。

与此相对应的，近年来国内景观行业方兴未艾，涌现出一批具有一定影响力的景观设计师及较好的景观设计作品。

面对这一大好局面我们收集、整理、精选了2012年度国内高水准设计师与建筑设计事务所若干优秀设计作品，出版这部景观年鉴，并作为国内景观行业的发展历程的一个小结。从这些作品中，我们既可以看到国内外设计师对待设计的审慎态度，对场地和空间的尊重和巧妙的处理，同时又可以看到大胆的、新颖的，富于想象力的创造和独具匠心的创意。这些蕴涵了设计师的智慧并具有全新时代价值观念的作品，值得我们认真思考和学习、借鉴。

本书在编写过程中，得到了诸多设计师及设计院的鼎力支持，国外同行也提供了大量的优秀作品供我们使用，同时出版社的领导和编辑对于此书也提供了诸多帮助，在此一并感谢！

一本图书的作用毕竟十分有限，我们不妄求本书能够给国内的景观设计水平带来多大的改变与提升，仅求抛砖引玉，希望能够增进业界同行的互相交流，从而开阔我们的视野，并从中得到些许的启发。

在此，与读者一同研习品鉴。

刘琨　　二零一二年圣诞于同济

目录

公园景观

滨水景观

公园景观

深圳华侨城欢乐海岸

设计单位：SWA Group
业　　主：深圳华侨城都市娱乐投资公司集团
项目地点：中国广东省深圳市
项目面积：1 250 000 m²

深圳华侨城欢乐海岸占地面积为1 250 000平方米，是一处集自然保护区和商业新城区于一体的都市娱乐休闲用地创新型区域。SWA负责对该项目场地的总体规划和景观设计，旨在创建一处有效平衡经济发展与生态保护的理想型城市公共开放空间。作为新建的城市文化和娱乐中心，欢乐海岸为公众提供了各类市政设施、娱乐场所、公共广场、公园空间、度假设施和生态宜境。占地68.5万平方米的湿地和自然保护区为数十几种野生动物物种提供了理想的栖息场所，成为中国唯一地处城市腹地的滨海红树林湿地。该项目设计以教育、文化、娱乐、休闲为主导，通过创建一系列的游乐活动项目，鼓励公众参与其中。项目充分利用本地原材料、绿色技术和可持续性手段措施，以达到节约资源的既定目标。设计理念以水这一自然资源为主线，从而促进自然资源、艺术元素、生态系统与交通设施之间的相互作用。该项目因其成功实现经济发展与生态保护之间的平衡而成为中国同类项目的典范。

东方花园
民俗村
锦绣中华
红树林
自然公园区域
NATURAL PARK ZONE
商业开发区域
DEVELOPMENT ZONE

音乐公园

设计单位：科斯塔・菲耶罗斯建筑师事务所
设 计 师：萨拉・塔瓦雷斯・科斯塔、帕布罗・迪亚兹・菲耶罗斯
项目地点：塞维利亚
项目面积：32 487 m^2
摄 影 师：帕布罗・迪亚兹・菲耶罗斯

音乐公园项目位于一个缺少功能设施的荒废区。未开发之前，这里将附近两个社区（阿吉拉斯社区和罗斯普鲁诺斯社区）分隔开来，使居民无法进行正常的交流互动。

该项目是根据城市创新与整合理念进行的一项独特的总体规划，与塞维利亚地下基础设施工程有密切联系。公园面积32 487平方米，园内设有便捷的道路，可以直接通往位于公园中心的考切拉斯地铁站，并且将车站两侧的居民区相互连通。

新建的景观元素在园内特定区域为人们提供了良好的散步环境和休息空间，各条道路彼此相互连接，使人们能够方便到达各个区域。

该项目具有双重目的，即：打造更加具有凝聚力和更便捷内部交通的城市空间；恢复空间活力，为人们提供一个更加人性化、更高品质的户外空间，从而提供更好的生活质量。

公园沿一条南北向展开的步道进行布局，这条步道通过一条缓坡与车站层相互连接。其他横向道路将周围街道和广场与这条主步道连接在一起。

在场地东侧，沿周围区域的地面高度采用挡土墙围绕整个广场，对广场起到保护作用的同时，成功解决了地面高度落差问题。车站入口旁边设有一部电梯和一部自动扶梯，为人们提供便捷的交通设施。

场地西侧采用与地铁隧道平行的挡土墙来解决地面高度落差。挡土墙呈弯曲造型，形成一条通往西侧主入口的坡道。阿吉拉海边散步道和阿吉拉德奥罗街道之间的拐角处设有另外一部电梯。

路面由瓷砖、石灰石和花岗岩等一级路面材料铺筑而成，并且采用重复图案形成一种独特的几何形状，将公园内所有不同区域相互联系在一起。这种图案的设计灵感来自塞维利亚阿卡莎皇宫穆尼卡斯庭院中的现有陶瓷图案。

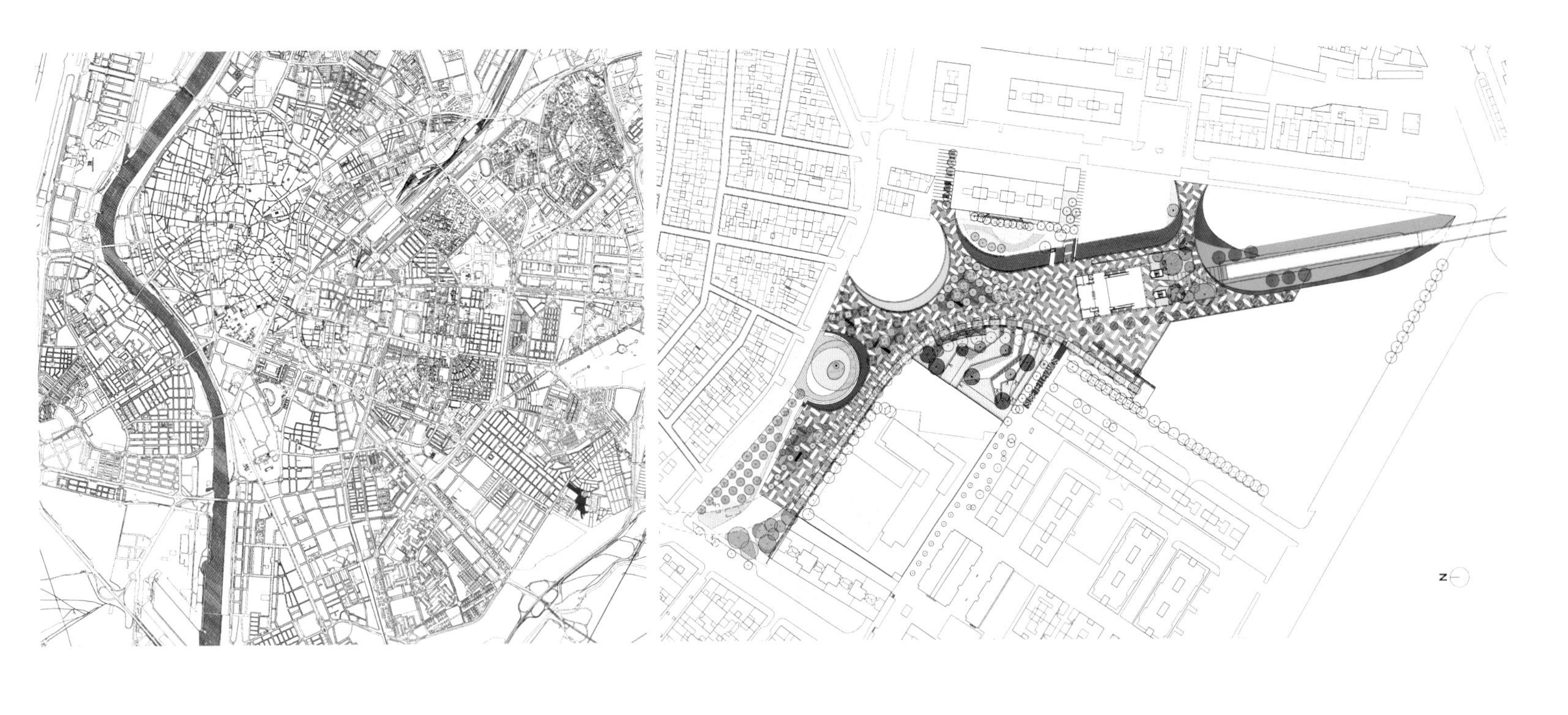

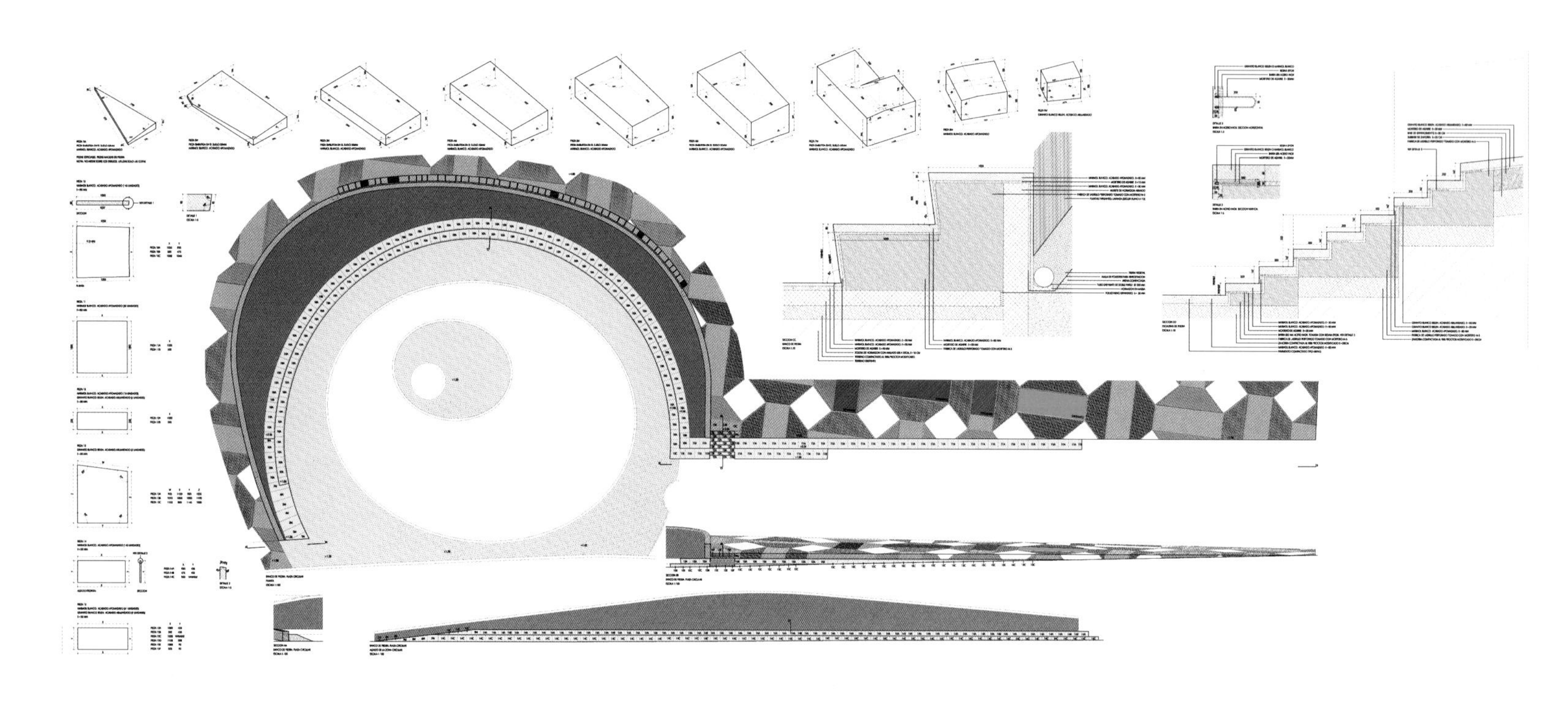

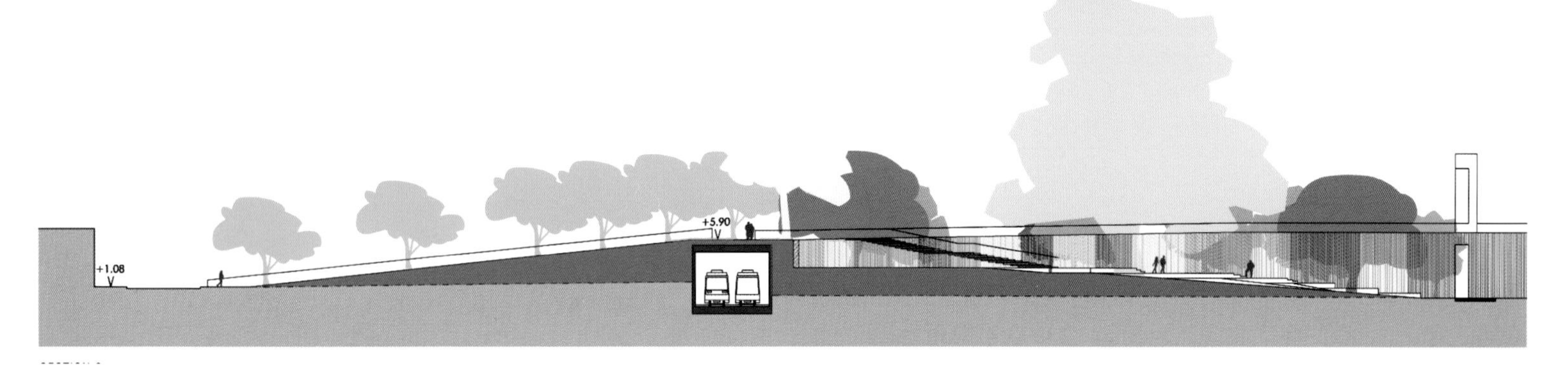
+1.08
+5.90

塞格甘斯堡公园

设计单位: 特里托雷斯景观设计师事务所
项目地点: 法国巴黎丁香门
项目面积: 24 000 m^2
竣工时间: 2011年
摄 影 师: 尼古拉斯·沃特法格尔、特里托雷斯景观设计师事务所

丁香门是巴黎重要环路上33个入口中的一个。这里标志着巴黎中心区的边界，实际上也是连接巴黎郊区的一个重要交通段。这段公路在法语中的意思为“环城公路”，其沿一个历史性规划框架展开，所在区域曾经是梯也尔防御要塞。如今，这里已经成为城市交通系统中的一个重要节点，随之而来的是严重的噪声和污染，尤其是对步行者来说。

覆盖丁香门环路的要求表达了人们对正常生活质量和友好城市环境的向往。

对于巴黎市来说，议员们曾经希望重新建立与周边城市相连的交通设施，如丁香车站或普雷圣热维斯车站等。塞格甘斯堡公园旨在连接环路两侧的区域，即巴黎市区和郊区，并且将步行者和骑自行车的人们作为主要使用者。

该项目充分说明城市中也可以拥有自然环境并且能够在不同范围内实现城市发展。环城公路的最高点与周围的建筑屋顶能够将雨水引入中心池塘，用于灌溉花园内的植物。花园管理者允许从环路上吹落的植物在这里繁殖生长，从而改变这里的植被种类。一条宽大而平坦的步道被命名为“细线”，将一条简单流畅的道路两侧区域相互连接起来。最后，这里还将建造一个能够欣赏到巴黎地理环境和环路交通的观景点。

Ech: 1/100

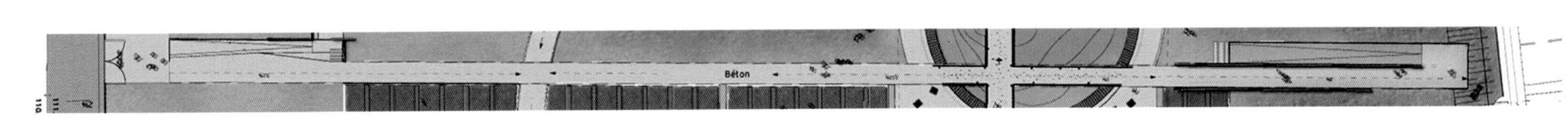
Béton

CITÉ
TIONALE
UNIVERSITAIRE
DE PARIS

CITÉ
INTERNATIONALE
UNIVERSITAIRE
DE PARIS

presstalis

江阴体育公园

设计单位：彼爱游建筑城市设计咨询(上海)有限公司
项目地点：中国江苏省江阴市

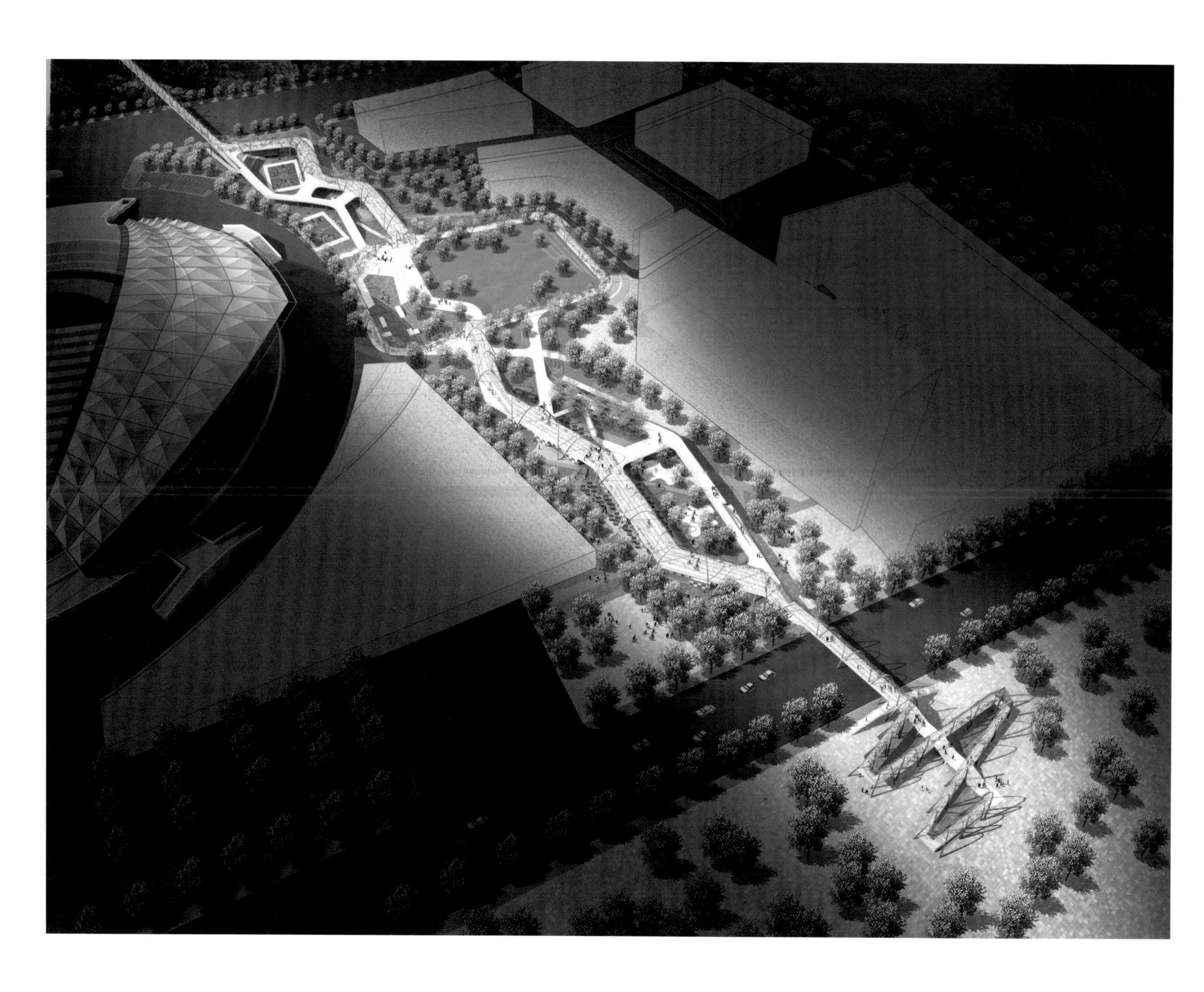

城市——观山步行

整个项目由一公里长的城市轴线组成，轴线连接江阴新商务中心区和邻近的黄山。轴线设计是否成功取决于它能否成为人们聚集活动的目的地，同时吸引新商务中心区以及周边居民。

运动+休闲

随着城市化和物质生活的丰富，城市公共社交生活开始日益减少。因此，城市公共休闲场所扮演着越来越重要的角色。轴线步行道设计对于城市生活起着非常积极的作用，且满足所有年龄层人群的需求：比如约朋友在这里打篮球，带孩子一起在儿童游乐园里玩耍，在茶室和餐厅里聚餐，享受极限运动场的刺激体验，在大草坪和广场上晒太阳踢足球等。

桥

连接整个轴线的项目还包括两座跨越主要道路的天桥，桥的设计降低了人们穿越马路时的危险，能让远处的城市新中心尽收眼底，整个轴线清晰易见。桥的平面蜿蜒曲折并向前延伸，为市民提供了一个观赏远山与整个区域风景的广阔视角。两座桥体都以平缓的角度倾斜向下，彼此交错叠加之后，深入中心区的运动公园，最后再次以舒缓姿态向上延伸。桥上的花架，支撑着紫藤的生长，为整个公园大部分桥体提供了遮阳场所和围合交流空间。

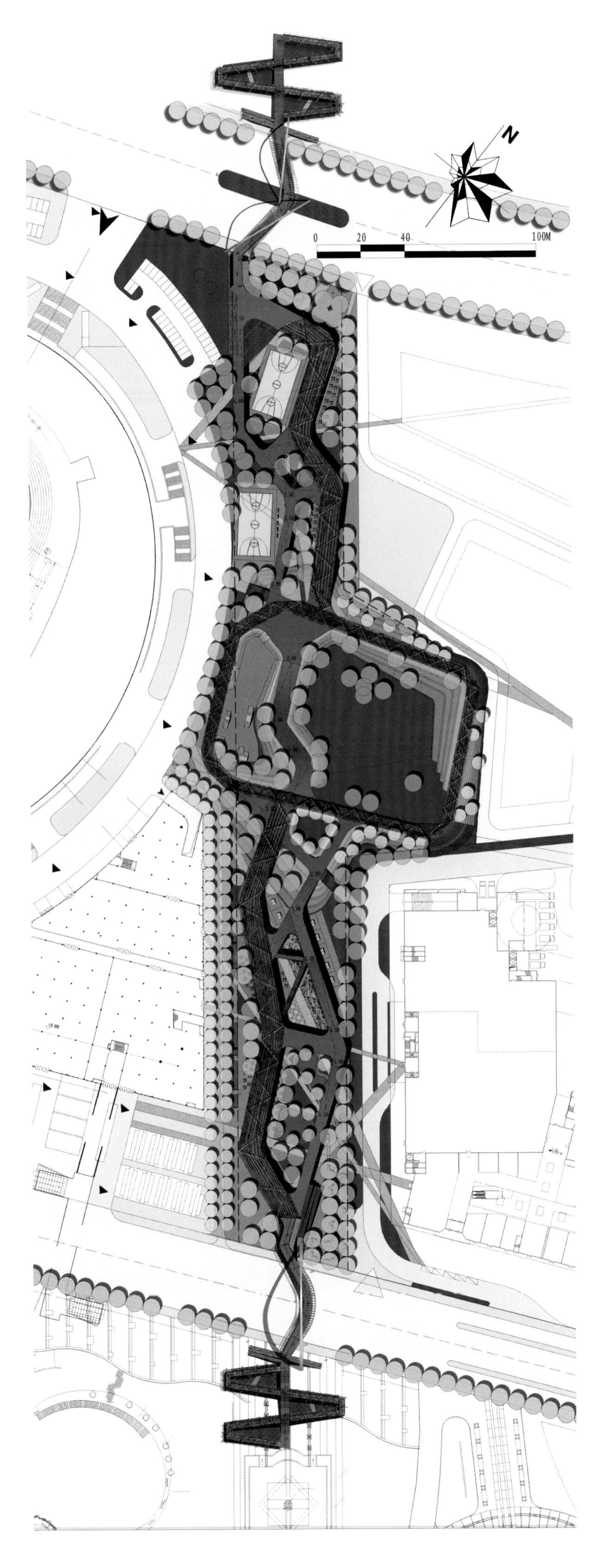
N
0
20
40
100M

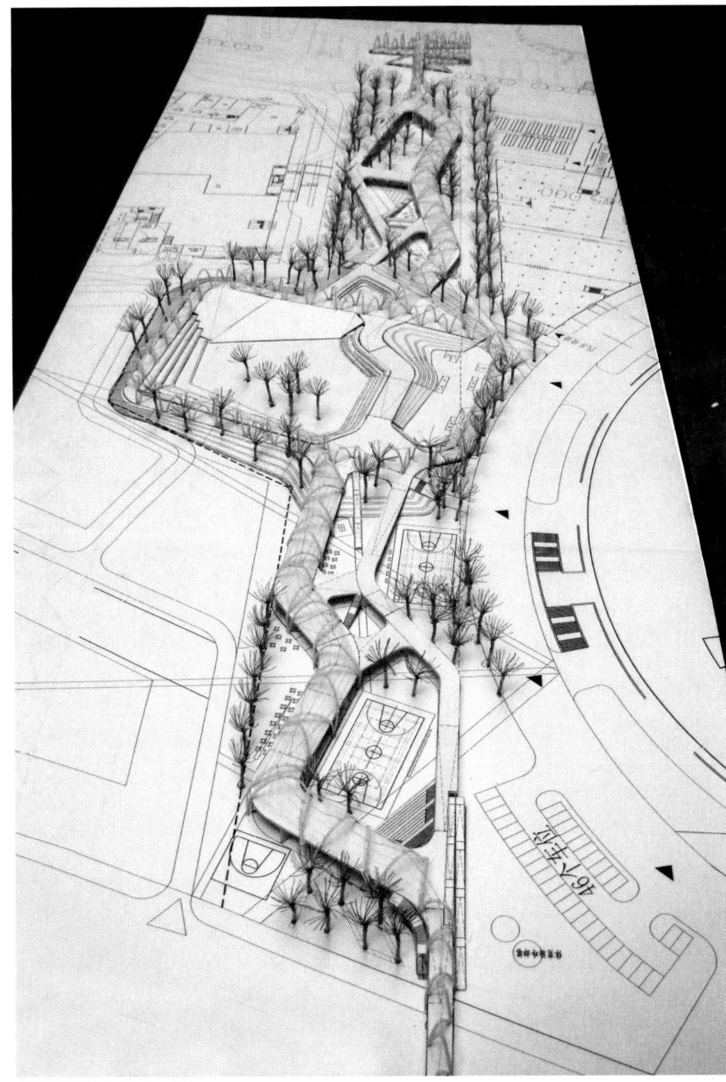

流云水袖桥

设计单位：北京土人景观与建筑规划设计研究院
项目地点：中国江苏省睢宁县
项目面积：2 700 m²

流云水袖桥通过简单而优美的市政元素，将复杂的城市功能和空间结构整合在一起。该项目位于江苏睢宁县徐宁路，跨越横穿城市的快速干道和多个水系，连接县城核心区的广场和马路对面的森林公园。主桥全长635米，总建设长度869米，总面积2 700平方米。4道辅桥总长242米，桥面宽度2.5米至9米不等，桥面坡度为0.4%至12.6%。流云水袖桥离路面保证净高4.5米。

流云水袖桥最初为加强和合广场与森林广场的联系而建，使得被快速道——徐宁路划开的两大城市开放空间重新整合起来，避免了车流和人流平面相交时的冲突，保障人们的穿行安全。在满足功能需求的前提下，设计紧扣“水”这一大主题，从舞动的水袖之流畅柔美形态中获得灵感。在三维空间中婉转起伏，创造出行云流水般的美感。此外，精心的灯光设计使这架流云水袖桥能更舒畅地挥舞在城市广场、水体和林地的上空。

流云水袖桥是城市景观元素功能和形式完美结合的典范。

广州北岸文化码头——热电厂文化创意园

设计单位：广州土人景观顾问有限公司
合作单位：广州瀚华建筑设计有限公司、迈思（亚洲）顾问有限公司
业　　主：广州市方圆房地产发展有限公司、广州市金鹅企业集团有限公司
首席设计师：庞伟
项目负责人：张健
项目地点：中国广东省广州市
项目面积：27 400 m^2

广州市员村热电厂位于北岸文化码头的东部，厂内留存了完整的工业生产体系，生产设备具有良好的工业审美价值。热电厂文化创意园的设计策略是保护、更新和再利用。该设计以氛围保护为中心，将新的空间作品与场地的旧有空间展开生动的对话；以开放的文化项目的注入来赋予场所以新生命；以对未来的新眼光，通过创造性设计实现物质和精神的再生。

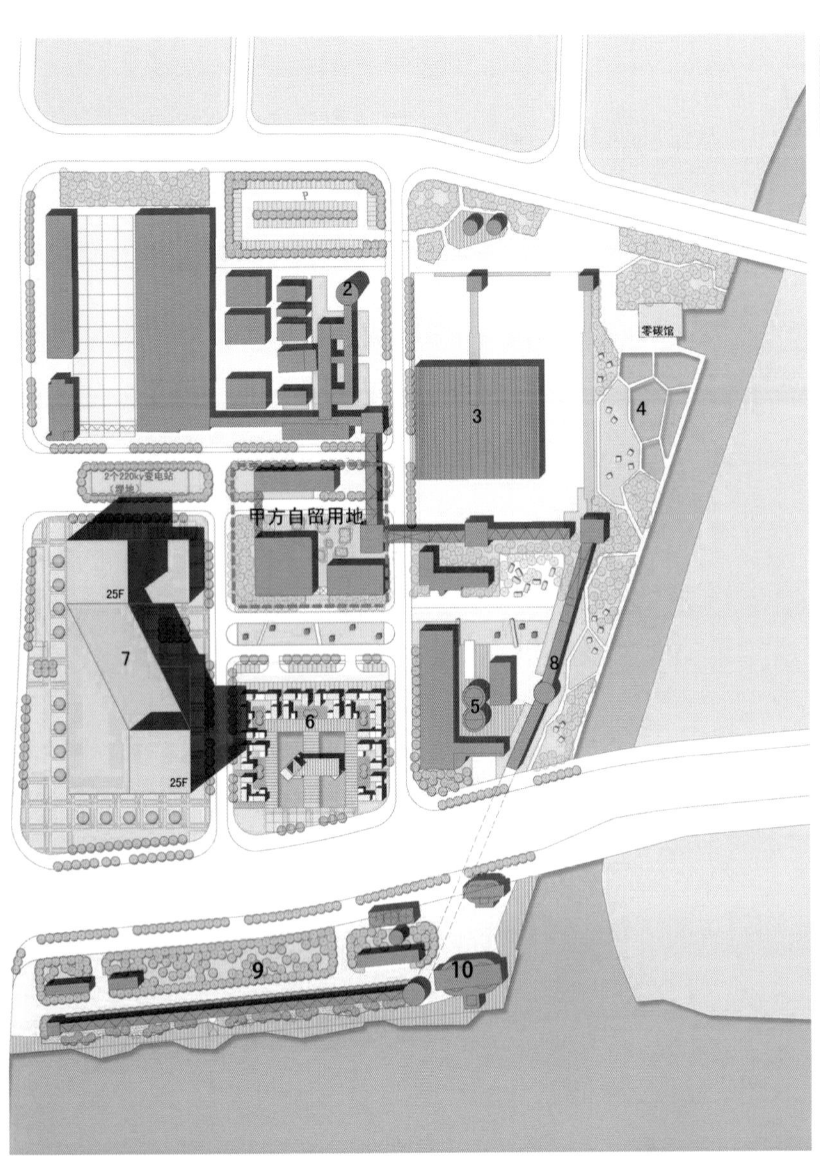
零碳馆
甲方自留用地
25F
25F
1
2
3
4
5
6
7
8
9
10

5m/s
16℃

BAR

FIAT

ACG
第五届穗港澳
动漫游戏展
XIYANGYANG
POPOBE
BLACKKNIGHT

广东美术馆
当代艺术馆

广东美术馆
A ENTER
Guangdong
Museum
of Art

海南文昌高隆湾滨海广场景观设计

设计单位：广州土人景观顾问有限公司
项目地点：中国海南省文昌市
项目面积：75 000 m²

以建设“国际旅游岛”为目标的海南，目前还缺乏优质的城市公共景观。在文昌市清澜镇高隆湾，十公里海湾被分割为若干片区，各大高档酒店、地产已陆续占领原来布满防风林与虾塘的土地，以致清澜城区与海湾已被高密度的商业建筑隔离。在这种情况下，设计师试图在高隆湾南二环节点广场的设计中，为高速发展的海南旅游和城市建设增添一个景观注脚。

场地中部以一片硬质广场连接城市干道与海滩。在广场末端设置两组海螺少年雕塑，各自组队面向大海做出吹海螺的姿态，仿佛20年前海南头戴斗笠、身着花裤衩的质朴少年。广场西侧以一条绵延入海的栈道打通城市面海的视觉通道。栈道采用海南特产的椰木建造，既是广场观景休憩的场所，其曲折轻灵的体量也成为重要的景观元素。栈道周围布置了攀岩、滑板、轮滑、儿童游戏场等活动场地。广场东侧设置一片棕榈广场和圆形庆典广场。庆典广场直径百米，设置舞台和座位，可以容纳大型市政庆典和民俗娱乐活动。

设计在营造优质视觉形象的同时，为广场注入多元功能定位，使广场成为城市生活中重要的组成部分，从而在与商业地产的和谐并存中提高城市品质。

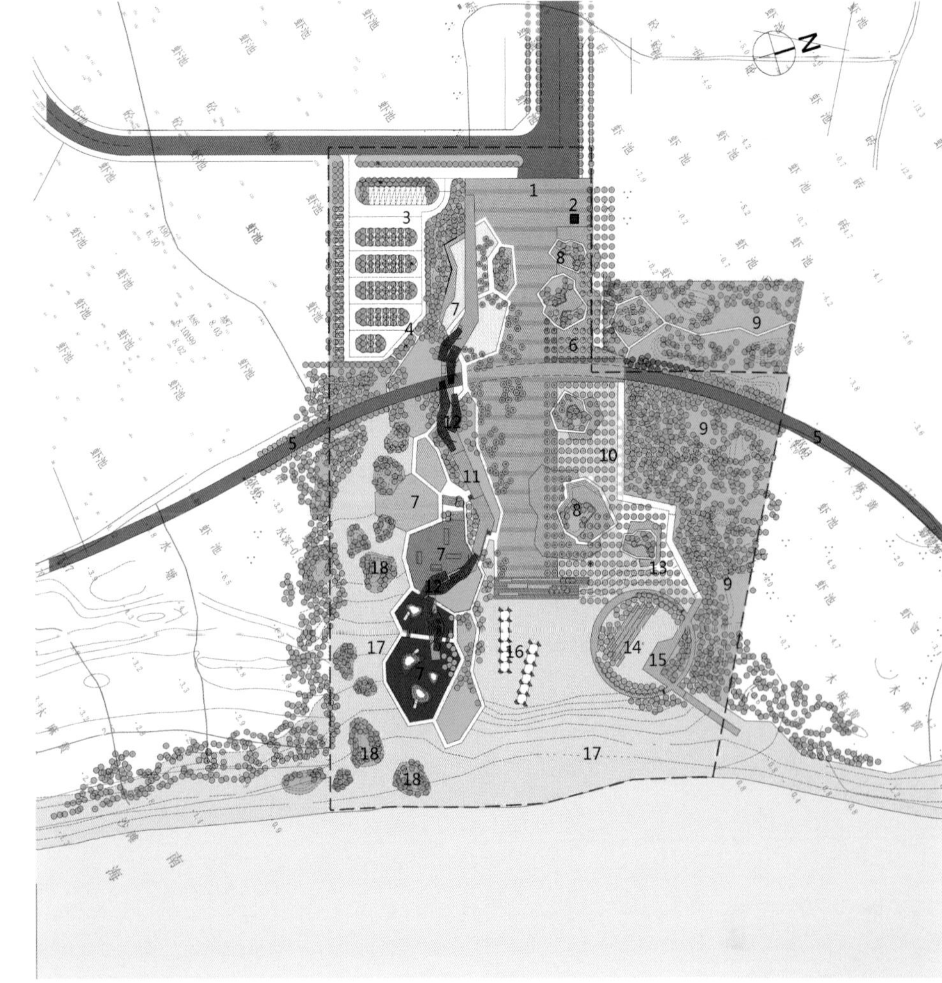

1.入口
2.景观
3. 停车场
4.停车场出口
5.电瓶车道
6.林下广场
7.运动场
8.休憩花园
9.疏林草地
10.棕榈树阵
11.景观长廊
12.景观亭
13.栈道
14.庆典广场
15.庆典舞台
16.海螺少年雕塑群
17.沙滩
18.沙滩林岛

Kik公园（创智公园）

设计单位：3GATTI
业　　主：瑞安地产
项目经理：Summer Nie
团队成员：Nicole Ni, Francesco Negri, Dalius Ripley, Michele Ruju, Muavii Sun, Charles Mariambourg
项目地点：中国上海市
项目面积：1 100m²
摄 影 师：沈强

Kik公园位于专为附近复旦大学和同济大学的学生建造的创智坊的入口处，作为一块位置显赫的城市空地，居然在快速的城市建设中成了漏网之鱼，这令盖天柯先生(Francesco Gatti)大为惊讶。自从2005年这位意大利建筑师将他的部分业务活动转移到中国以来，他一直对此类罅隙空间的设计可能性饶有兴趣，例如静安创艺空间In Factory项目（2006）中，他以居住与办公融合的中和氛围设计构建了该重置项目的外部空间。他的设计总会将某个关键要素作为产生互动的对象，正如此案，互动存在于相关人员（他们的行为和活动）和诸如天气、声音等自然因素对其的影响中。 基于这个出发点，建筑师使用的造型手法和材料（由轻盈的金属线网构造的人造吊顶、弧线形式、以面围合的体量、斑驳的饰材和板饰）根据对象和其尺度的变化而变化。在Kik公园这个案例中，盖天柯先生设想出一个翻折的木制地板体系，以应对公共场地中不可避免的各种功能（坐具，绿地，步道，公告栏等）。建筑师用于渲染设计思路的形象——如古扇般裁剪翻折的纸片——不由得让人联想起德勒兹对折叠空间特质的渐成性（epigenic）的描述："发展和进化其实是已经改变它们本意的概念，因为如今他们的设计以渐成论（epigenesis）为造型基础或运用既不是预制（pre-formed）也不是内置（built-in），而是由各种毫不相像的构件组成的有机体和生物器官倚靠渐成论，有机折叠是从一个相对平整单一的表面通过找型、生产和复制等手段得到的。"

通过这种方法，盖先生从一个原生的、无个性的基本形式出发，最终塑造出一个既个性化又具有原创性的结果，他还在那些原本平庸的位置引入了发散性的间隔区域，以帮助人们找到各自的个人空间。建筑师用来覆盖整个表面的材料是最原初的理想材料——木材，既灵动又亲和，它会随时间老化而记录当时的自然条件。木板升起之处展现草地树木交织出的内部生态空间。以这种手段，建筑师预先定义了人们闲聚、休憩甚至进行滑板运动等的特定行为场所，形成一块同时包容集会和私密并存的公共地毯。

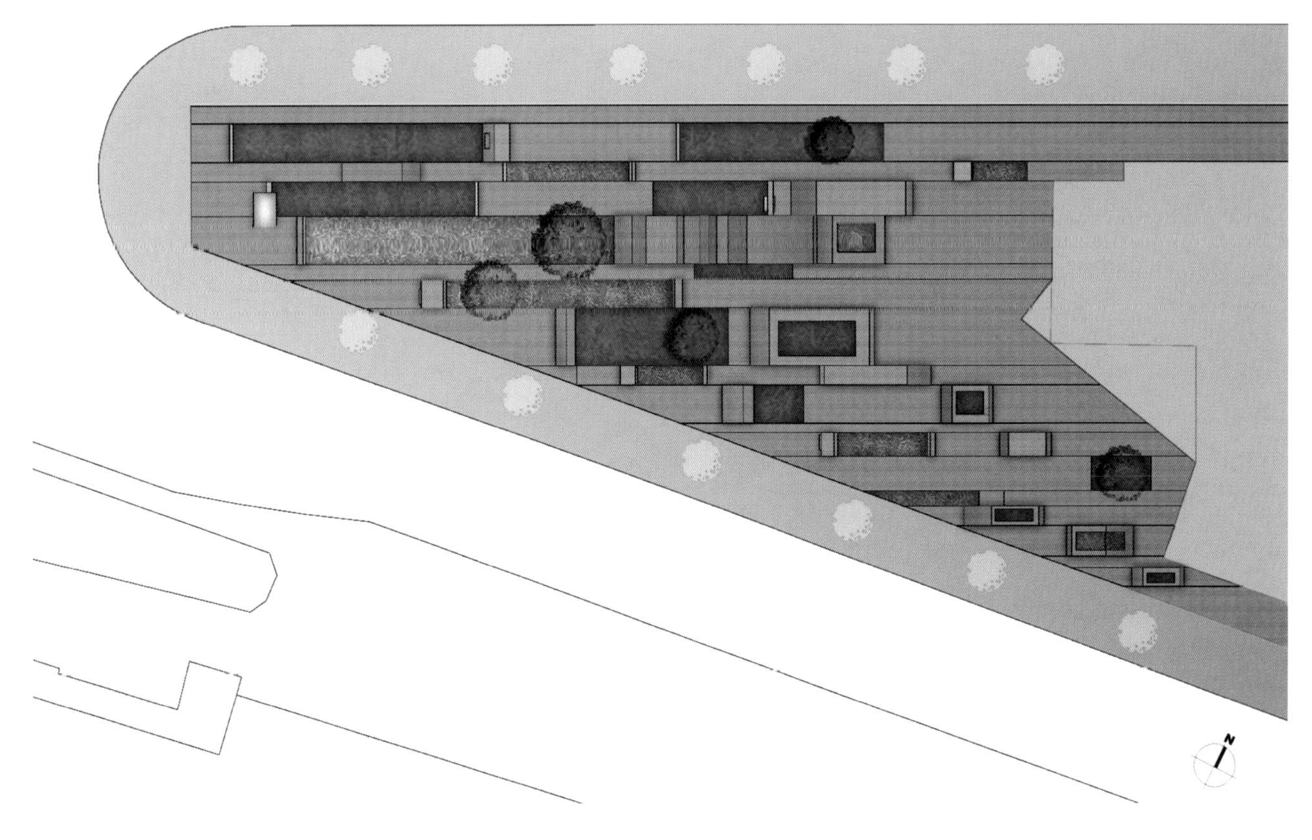
N

L'école café

精装空间
2
创智坊
CBD之心
舒活领地

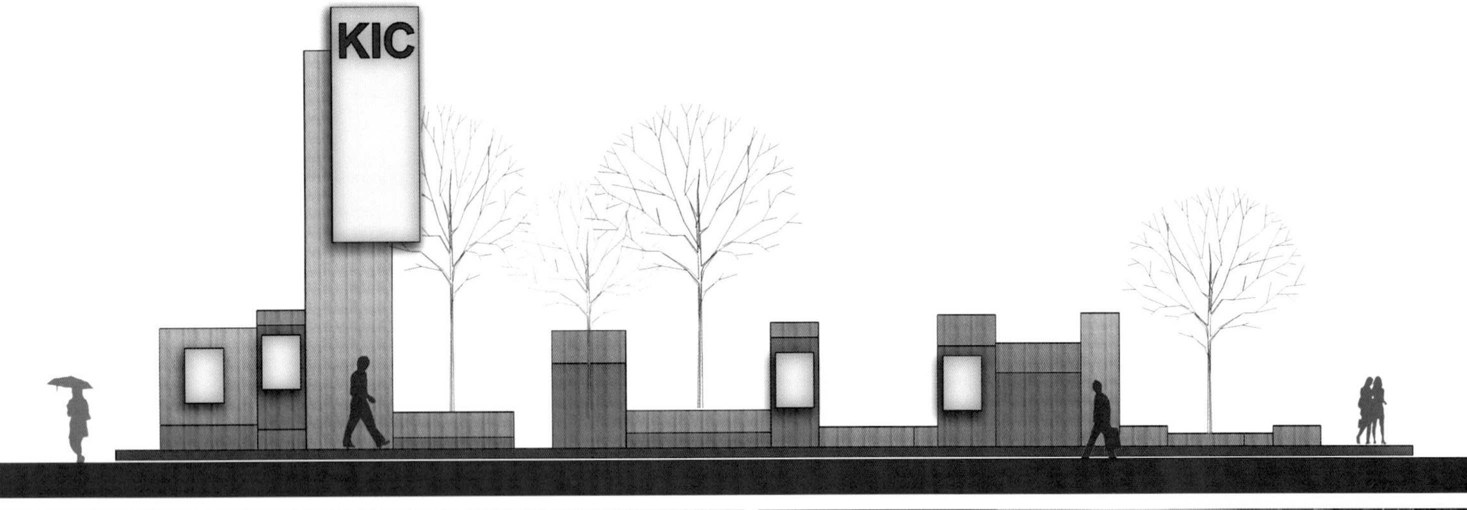
KIC

2
创智坊
3000平米
星级会所
2
创智坊
压轴精品
精彩呈现

欧典家俱

伯格豪森的巴伐利亚州园林展——城市公园

设计单位：德国雷瓦德景观建筑事务所
业　　主：LGS Burghausen 2004有限公司
项目地点：德国巴伐利亚州
项目面积：75 000 m²

作为2004年“巴伐利亚州园林展”的主要场地，伯格豪森的新城建造了一座城市公园。三处不同边缘界定了一片宽广的草地并确定了公园的边界。“游戏山”是这个空间特有的元素。奇特的外观形似“微缩阿尔卑斯山”，象征着对真实山峦的向往，它是服务于各个年龄人群的游戏场。“云雾森林”是一个特殊的空间，以独立的形式创立了对景观特性的参照。

通过此次州园林展第一次体现出一种城市开放空间的相互联系。城市公园成为了整个伯格豪森市的标志，新人行道的连接和视觉轴线创造了令人耳目一新的城市体验。展览活动也因此为城市的长期发展做出了贡献，并创造了城市的新形象。

德累斯顿动物园——长颈鹿园

设计单位：德国雷瓦德景观建筑事务所
业　　主：德累斯顿动物园
项目地点：德国萨克森州德累斯顿
项目面积：3 500 m^2

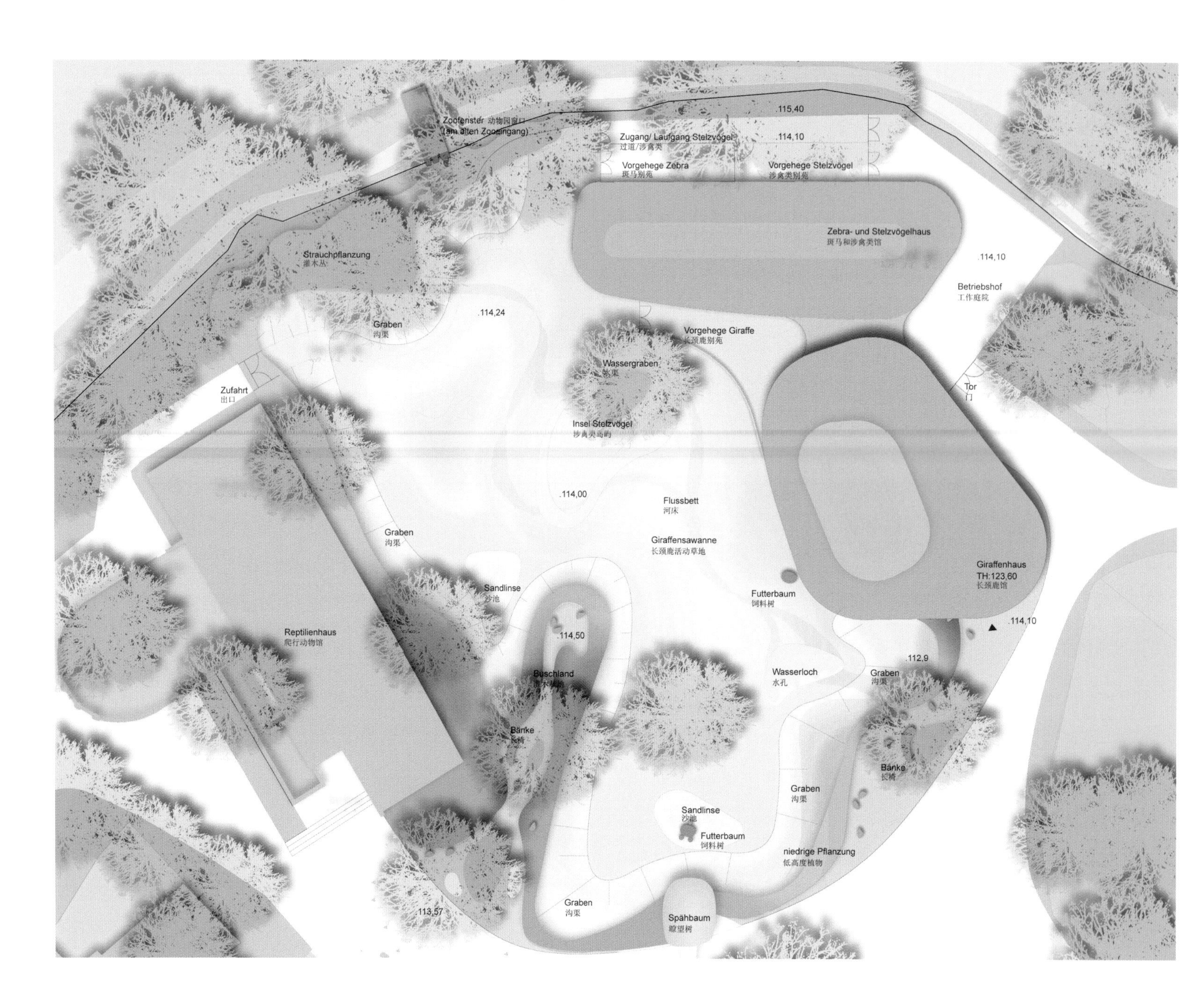

长颈鹿园有令人难忘的大花园风景作为视觉延伸，给人以空间广阔的印象。除了传统的游览方式外，我们在户外设计了很多瞭望台，通过这种方式可以让游客感觉仿佛置身于动物之中，瞭望台提供了从人的视线高度观赏动物的机会。园区内以几个不同主题来展现长颈鹿的自然栖息地，例如草原、水域和灌木丛。对于那些在景观大花园中散步的人来说，动物园的老入口现在已经成为展现动物园风采的新窗口。公园入口大门上有很多小孔，通过这些观察孔人们可以了解到动物园里面的情况，使他们产生参观动物园的欲望。

柏林弗里德里希斯海因区的游乐绿地

设计单位：德国雷瓦德景观建筑事务所
业　　主：柏林弗里德里希斯海因·克罗伊茨贝格区，建设改造部
项目地点：德国柏林市
项目面积：3 600 m^2

法兰克福大道南面的城区特点是开放式的带有相对高绿化度（绿色岛屿）的建设。项目通过小广场或绿地营造出空间重点，给人们提供高质量的逗留空间。项目的设计目标是，强化这种特点并在此基础上发展出它不可替换的个性标志。已经存在的企鹅游戏广场将被延续成一个大的“海洋”，独有的浇注水泥砂石被打造成南极圈中的冰块和海洋，营造出海潮涌动的形象。在卡丁那和拉斯坦那街中间是一个大型的立体逗留区，在那里可以进行各种简单的功能型活动。大型的“风虫”作为唯一元素贯穿着地区域并赋予其个性标志，它的形式可以是座椅、躺椅、野餐桌或活动舞台。

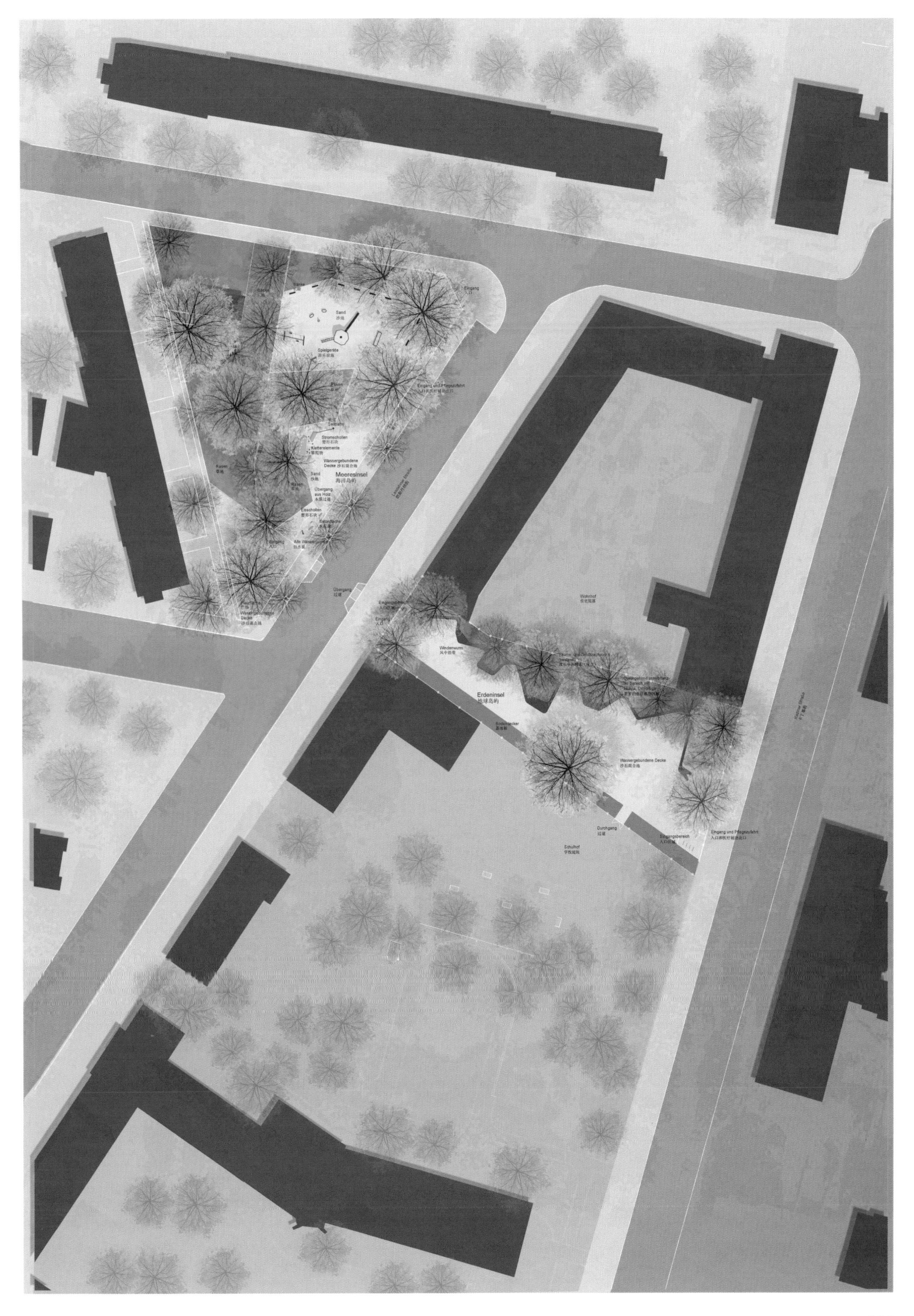
Eingang
入口
Sand
沙地
Spielgeräte
游乐设施
Eingang und Pflegezufahrt
Seilbahn
Stromschollen
Klettereiemente
Wassergebundene
Decke 沙石混合地
Sand
Meeresinsel
海洋岛屿
Übergang
aus Holz
木质过道
Eisschollen
Betonfläche
Eingang
入口
Alte Wasserpumpe
Übergang
过道
Wassergebundene
Decke
Eingang
入口
Windenwurm
风中蜿蜒
Wohnhof
Erdeninsel
地球岛屿
Wassergebundene Decke
沙石混合地
Durchgang
过道
Eingangsbereich
Eingang und Pflegezufahrt
Schulhof

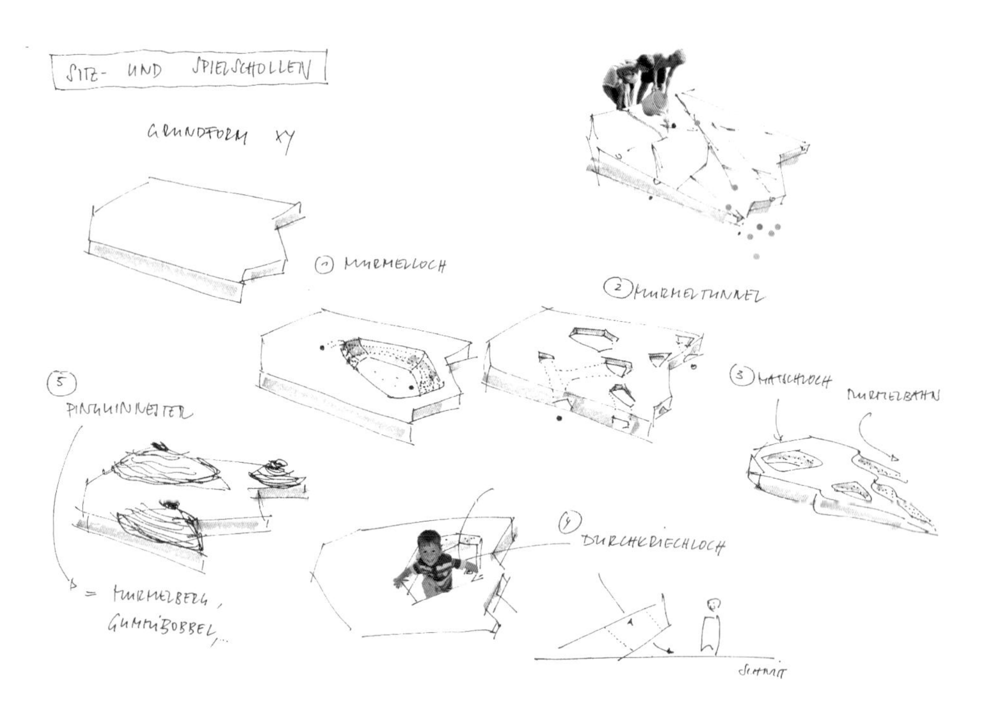
SITZ- UND SPIELSCHOLLEN
GRUNDFORM XY
1 MURMELLOCH
2 MURMELTUNNEL
3 MATSCHLOCH
MURMELBAHN
4 DURCHKRIECHLOCH
5 PINGUINNESTER
= MURMELBERG, GUMMIBOBBEL,...
SCHNITT

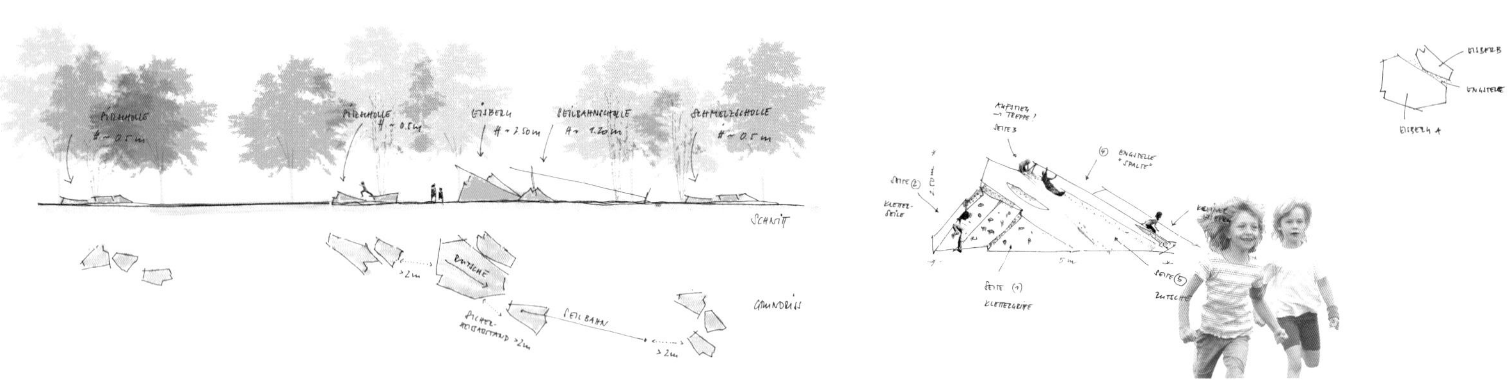

2007年“Waldkirchen的自然”巴伐利亚州园林展

设计单位：德国雷瓦德景观建筑事务所
项目地点：德国瓦尔德基兴
项目面积：75 000 m^2

巴伐利亚园林展为体验城市生活提供了多种途径的城市林荫路，融合并突出了四个不同的区域。

城市开放空间（集市、公墓、城市公园、体育场、观景台）代表着城市的特点，这里发生着城市中的主要事件与活动。在林荫路旁延伸的树林带给人感官上的体验，同时也成为了重要的主题。草地上可以举行各种活动。景观露台为周围的景致加入了特殊的视觉体验，且对四周的美景进行了诠释。

Durchgang Stadtpforte
Garten
Tiefgarage
Gärten
Option Veranstaltungsplatz
Option Treppenturm
Bänke
Kirschgarten
Mastleuchten
Kindergarten
Spielterrassen
Spielplatz Kindergarten
Aussichtsteg
Wiese
Schulhof
Schulwiese
Promenade
Schule
Pflanzung
Insel
Stege
Feuchtwiese - Wissenswiese
"ins Gsteinert"
Wäschibach
Quellsee
Weiher
Steinrücken
Wasserrampe
Hecken
Gehweg
Bodenleuchten
Überfahrt
68 Parkplätze
Busstellplätze
Überweg
14 Parkplätze
Verkehrsübungsplatz

晋城市儿童公园

设计单位：德国雷瓦德景观建筑事务所
业　　主：山西省晋城市园林局
项目地点：中国山西省晋城市
项目面积：51 000 m^2
获奖情况：优秀园林绿化工程金奖

项目的总体基本思路是根据设计和功能上的特点将儿童公园园区由南至北分为三个区域。这将通过现有的周边结构和公园的发展潜力来传递。项目的设计目标是将富有个性的现状古树和一些已存在的特色如盆景园、穆斯林公墓和传统的桥梁相融合。与此同时改善公园的出入便捷度，设计新的入口区域和提高湖岸区域的亲水性。

南面的区域具有城市特征，并且反映了现代特点。这一区域，作为具有现代特点的入口空间以及被着重表现的空间，为公园创造出独特的“地标”。

与之相对应，北面区域更多体现了自然风格，象征着传统。这里的主要功能是供人们休息。

中间的区域——展览及活动区介于城市风格与自然风格、现代与传统之间。此区域的主题由展览的内容决定（介绍城市发展的信息墙和现代艺术品），形式上通过两个区域中的设计元素来实现。

除了南面主入口外，东面和北面也设有公园入口。

公园设计的出发点取自于晋城的周边环境——岛屿、栈桥、颜色与植物种类丰富的森林、湖泊。城市广场的设计思路则是来自于晋城的城市设计。通过公园中不同区域之间的过渡形成了三个不同的公园区。

Entrance
Parking Area
Garden Park Department
Fence
Entrance
Entrance
Entrance
Bench
Entrance
Exhibition Hall / Area
Pavement
Lake
Existing Trees
Entrance
Main Entrance
Entrance

罗米伦岛

设计单位：德国雷瓦德景观建筑事务所
业　　主：柏林 弗里德里希斯海因・克罗茨堡 市政当局
项目地点：德国柏林克罗茨堡
项目面积：65 000 m²

罗米伦岛目前是一个备受人们喜爱的消磨闲暇时间的场所，同时也是步行爱好者和自行车爱好者经常经过的地段。由此产生了个别使用功能上的矛盾。为解决这一矛盾，设计师必须要为南罗米伦岛的整体发展提出一种主导理念。从整体考虑，对罗米伦岛进行深入利用会因其“承载力”而受到一定限制。因此，设计的根本目标就是要将这里的休闲活动场地规划得更有效、灵活、妥善。在与入口区功能重组紧密结合的情况下，打造一个视觉联动的开放空间。为了更好地给人们提供方位指向和日常安全，现存的植物被均衡有序配植，只在选定区域内增加植被。

Vor dem Schlesischen Tor
Flatowsporthalle
Übergang
Parkgarten
Inselplatz
Promenade
Linseln
Archenstufen
Geländer
Böschung
Spielband
Flutgraben
Promenade
Schleusenwarte
Landwehrkanal
Geländer
Treppe mit Rampe
Hecke
Hecke
Ernst - Heilmann - Steg
Spielplatz
Rampe
Görlitzer Straße
Neuer Osteingang
Übergang
Blaue Weile
Görlitzer Park
Wasser
Wiese
Geländer
Treptower Brücke
Görlitzer Ufer
Treppe mit Sitzstufen

KANALPIRATEN
TRUDELSTRUDEL

哈尔滨群力新区东区体育主题公园

设计单位：XWHO | RECON
项目地点：中国黑龙江省哈尔滨市
项目面积：244 000m²

该项目依托休闲的体育环境，广泛吸纳时尚元素，积极探索健康生活模式，努力打造一个体育休闲场所和城市界面。项目以跨越学科的眼光来融合生态策略，结合自然元素和运动主题，营造一个紧扣主题又富于弹性的现代化休闲体育公园。设计主题由此应运而生："城市的活力"——跃动的生活，健康的时代。项目引入"能量流"的景观概念，将体育公园作为整个区域的活力源，人们在公园内通过健身锻炼不断补充着自身能量，而能量充足的人们，又形成建设美好城市的能量流，促进整个新区的发展，使新区成为充满活力的美好家园。

景观空间结构分析图　　景观功能结构分析图　　景观春夏季交通分析图　　景观秋冬季交通分析图

名将之路

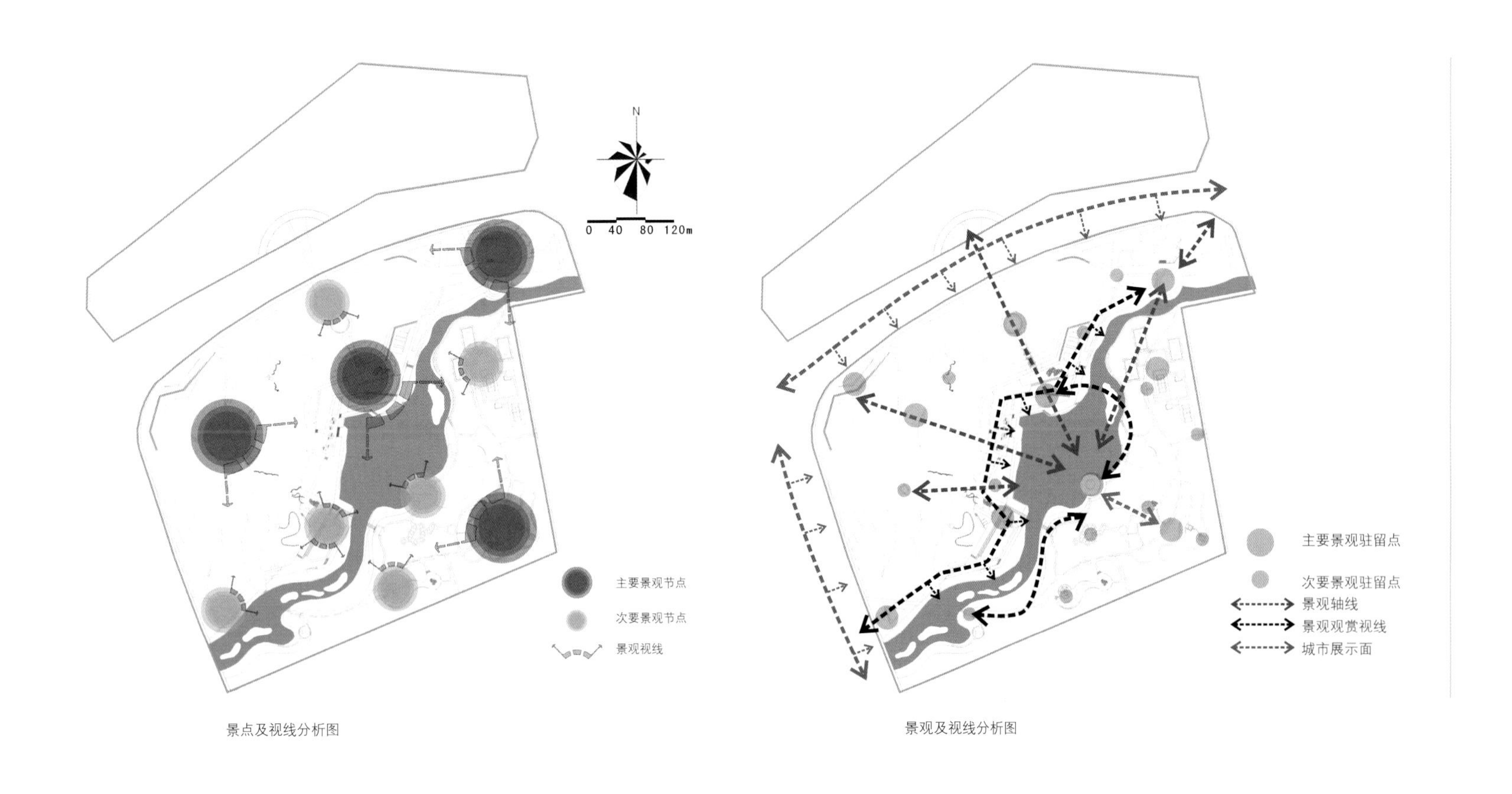

景点及视线分析图

景观及视线分析图

总体鸟瞰图（日）

虎门公园

设计单位：深圳市东大景观设计有限公司
业　　主：虎门镇政府
项目地点：中国广东省东莞市虎门新城中心区
项目面积：802 200 m²
设计时间：2011年

本项目位于虎门新城中心区，规划面积802 200平方米，其中核心区占地面积632 100平方米。基地四周用地性质类别较多，板块特征明显，在城市快速更新换代的进程中，城市居民需要一块多功能的公园绿地放松身心，享受生活。本次规划设计的核心目标是打造一块纯净、自然、精致的绿洲。

项目的优势在于：虎门政府高瞻远瞩的眼光以及对公园建设的支持和投入；交通区位对悠久历史及服装产业聚焦效应的放大作用；原虎门植被长势良好，自然生态氛围突出。但公园红线范围内大片区域地形缺少变化，不利于公园自然生态化氛围的展现。

综合各方面因素分析，虎门公园将“都市中的一片净土”作为核心主题，保持公园绿地不受城市侵蚀成为核心目的。项目设计将虎门公园分为两个核心部分：自然保留区块（最大化保留自然）及城市展示带（现代手法，体现城市内涵），确定了“一心一带二轴四个界面”的景观结构分析。在主入口景观采用反向设计手法，不刻意强调夸张的入口形象，而是突出展示公园的整体景观形象；为了凸显入口效果，在两侧广场做了下沉处理，结合地下通道形成公园入口的重要集散区。此外入口抽象变化的山脊线呼应山体并将人的视线引入到公园中去。这种反常规的设计构想体现了虎门为人先、豁达和包容的城市精神。

01 欢乐旱喷广场
02 广场条状灯
03 主题庭院空间
04 生态停车场
05 主题花园
06 下沉广场
07 主入口广场及雕塑
08 入口形象雕塑
09 入口形象雕塑
10 城市水景画卷
11 次入口旱喷广场
12 地下停车库入口
13 公园配套建筑
14 特色林荫步道
15 阳光大草坪
16 图书馆
17 室外演艺舞台
18 室外演艺舞台
19 生态林荫大道
20 山顶宝塔
21 树阵林荫空间
22 登山自行车道
23 湖中绿岛
24 湖边自然滩涂
25 观湖长廊
26 滑板天地
27 绿色驿站
28 人防出入口构筑
29 景观休息廊
30 少年游乐园
31 水上娱乐天地
32 公园次入口
33 游园曲径
34 密林草地
35 观舞平台
36 自然草坡
37 市政绿带

(重庆)国际园林博览园规划设计创意方案

设计单位：深圳市东大景观设计有限公司
业　　主：重庆市政府、重庆市园林局
项目地点：中国重庆市
项目面积：2 000 000 m^2
获奖情况：总体创意“三等奖”（铜奖）

重庆园林博览园的选址位于重庆主城核心区——北部新区龙景湖片区，园区占地面积200万平方米，由龙景湖和周围的多个小山丘组成，海拔高度在276米至421米之间。项目总体规划本着“述说巴渝文化”的理念，利用原址自然地貌营造出一个依山傍水、自然优美的整体环境。用“火焰凤凰”作为园区图腾，塑造“转型化”的园博会。会展时期的欢乐园博会，会后将形成一个“生态、休闲、旅游”的主题公园，以满足重庆城区内市民对健康休闲游的需求。

项目总体规划设立中国江南、北方、岭南、三峡园林展示区，国际园林展示区以及大师园区。除以上规划和设计外，为保证园区建设更加系统，还针对生态、高技、植被、材料运用、标识、设施小品以及会后转换与可持续发展问题等提出了规划建议。

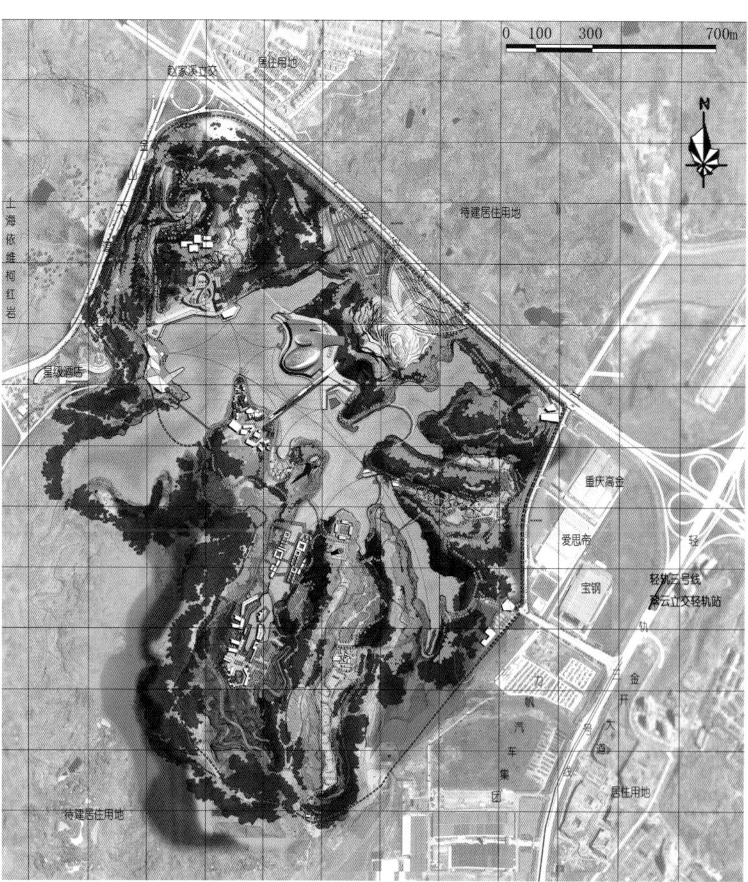
0 100 300 700m
赵家溪立交
居住用地
待建居住用地
上海依维柯红岩
星级酒店
重庆高金
爱思帝
宝钢
轻轨三号线
翠云立交轻轨站
力帆汽车集团
金开大道
轻轨三号线
居住用地
待建居住用地

重庆园博会
EXPO. CQ

全椒南屏山森林公园规划设计

设计单位：浙江省风景园林设计院有限公司
项目地点：中国安徽省滁州市全椒县
项目面积：870 000 m²

南屏山森林公园位于全椒县城南郊，襄水之滨。此次设计的地块位于全椒县城的东南，总面积约为870 000平方米。

设计理念：“都市森林、文化奇葩”

都市森林——方案以生态保护为基本原则，遵循森林公园生态性的本质，在设计上尊重场地保护，实行合理布局，以最小干预的形式来进行活动、游憩环境的设计。

文化奇葩——立足于全椒悠久的历史文化，方案注重传统文化的保护，在设计中赋予景观文化内涵的同时，利用参与性的景观设计来记载和传承全椒悠久的历史文化。

根据南屏山森林公园的自然条件和现有旅游资源的性质和特点，设计将南屏山森林公园分为四大功能区块。

一是以文化展览、康体娱乐、生态涵养功能为主的生态文化保护区。

生态文化保护区位于森林公园的南片区，主要由文化展览、康体娱乐和生态涵养三个主题部分组成，是体验森林公园生态环境和全椒历史文化的核心区域。其主要景点有南入口广场、乌龙塔、全椒历史与书刻艺术博物馆、颐年园、盆景园、笔峰毓秀、王枫亭等。

二是以儒林风情街、书院、南岳行宫等特色商务、游憩景观空间组成的儒林风情商务区。

儒林风情商务区位于森林公园北部，是依托历史古迹“南岳行宫”而建的徽派建筑商业街区，是游客进行购物、餐饮、休闲、聚会等活动的特色商务区块。其主要景点有儒林风情街、南谯书院、南岳行宫、墨池、览胜亭、乌龙泉等。

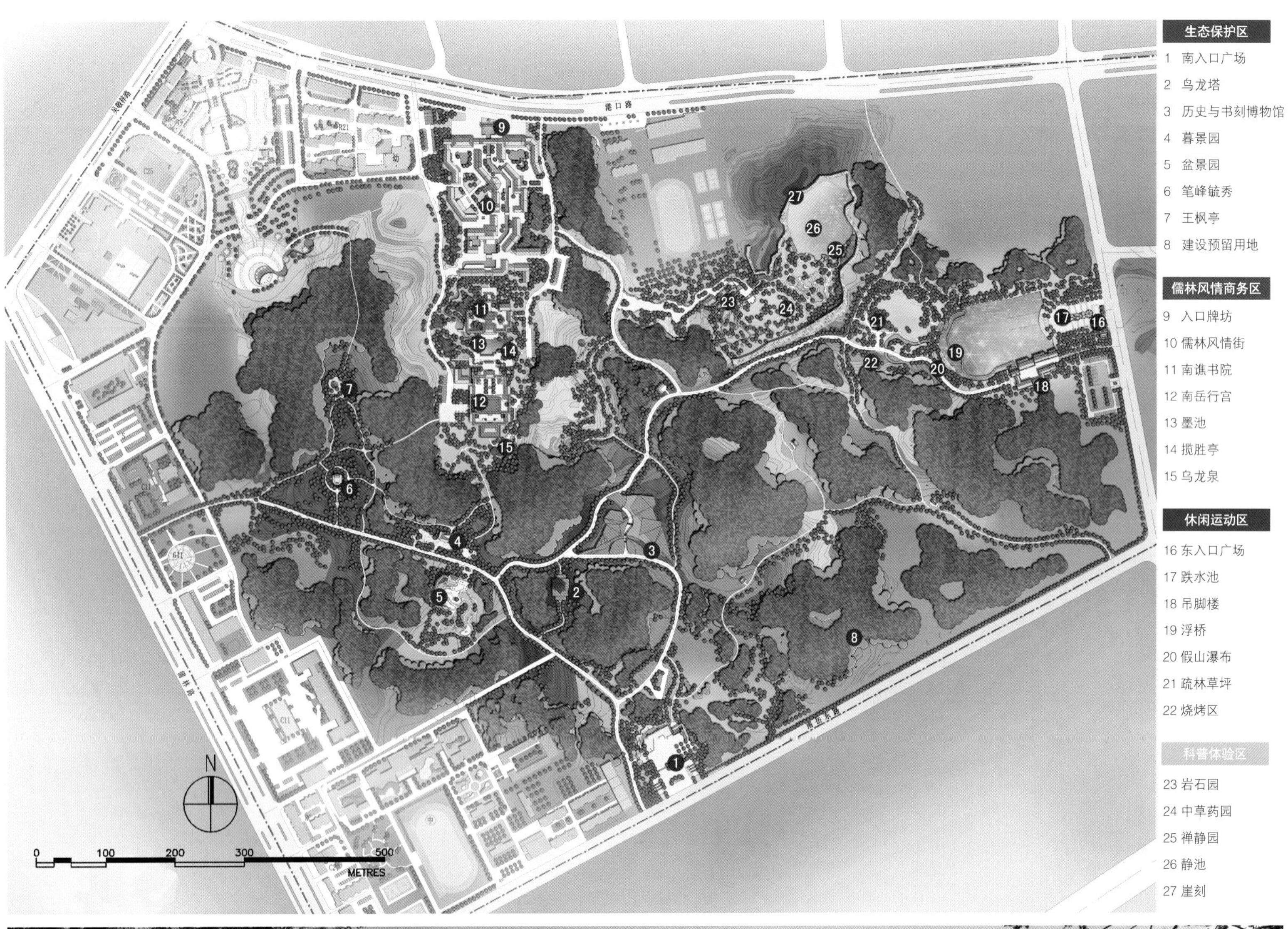
生态保护区
1 南入口广场
2 乌龙塔
3 历史与书刻博物馆
4 暮景园
5 盆景园
6 笔峰毓秀
7 王枫亭
8 建设预留用地
儒林风情商务区
9 入口牌坊
10 儒林风情街
11 南谯书院
12 南岳行宫
13 墨池
14 揽胜亭
15 乌龙泉
休闲运动区
16 东入口广场
17 跌水池
18 吊脚楼
19 浮桥
20 假山瀑布
21 疏林草坪
22 烧烤区
科普体验区
23 岩石园
24 中草药园
25 禅静园
26 静池
27 崖刻
港口路
N
0 100 200 300 500
METRES

筆鋒毓秀

大宋坊

南岳晴香

禅

茶

三是以疏林草坪、水上楼阁、入口广场等娱乐活动空间组成的休闲运动区。根据全椒城市发展现状，休闲运动区的设计分为近期和远期两个方案，其中近期方案依托原始矿山等特殊地理条件，设置吊脚楼、假山瀑布、疏林草坪，从而形成一系列户外活动空间；远期方案则在原有疏林草坪地块的基础上建森林浴场，丰富活动内容。休闲运动区是南屏山森林公园最具活力的游览区域。主要景点有：东入口广场、水上楼阁、疏林草坪、森林浴场（远期方案）、假山瀑布、云影亭等。

四是以岩石、中草药园、禅静园、林荫漫步等组成，具有观赏、教育、游憩功能的科普体验区。科普体验区位于公园东北部，是以岩石、中草药和养生为主题的科普教育体验区块，主要景点有：岩石园、中药养生园、禅净园、林中漫步等。

南屏山森林公园景观规划设计在原修建性规划的基础上，根据现状场地条件，对全椒森林旅游、历史文化展示、科普教育和健身娱乐所进行的更深层次详细设计，丰富了景观内容的同时，更注重全椒城市发展的需求，为南屏山森林公园的建设提供了一个完整、可实施的景观设计方案。

唐山地震遗址纪念公园

主持设计师：袁野
项目地点：中国河北省唐山市
项目面积：400 000 m^2

1976年7月28日凌晨发生在唐山的里氏7.8 级地震，是20世纪世界十大灾难之一。地震夺去了24万人的生命，整个城市夷为平地。为了铭记这场人间浩劫，纪念地震中遇难的同胞，中国建筑学会和唐山市规划局于2007年5月至7月共同举办了“唐山地震遗址纪念公园概念设计国际竞赛”。本次竞赛共收到来自17 个国家和地区的276 套有效方案，经过激烈的角逐，本方案获得一等奖，并被确定为最终实施方案。

2009年，公园建成开放，成为唐山市乃至全国最重要的纪念性人文景观之一。

纪念墙：（原设计为玻璃纪念墙，后改为黑色花岗岩纪念墙）

玻璃反射天空和水面，反射瞻仰者自己的身影，透过刻有死者名字的玻璃墙可以看到后面的树林。这堵玻璃墙，如刀锋划开大地，凝聚了周围的一切。此时此刻，所有图像叠加在一起，天地万物与这段刻骨铭心的历史在刹那间结合，生者与死者在犹如时空隧道的纪念道路上真实地面对。

大地沉默，唯有风掠过树林。

树的纪念：

基地原址上的一棵法桐和一棵白杨树被保留下来，并与铁轨一起设置于水面之上，两棵树，被浮于水面的铁轨串起，如同“此岸彼岸”的象征，营造出一组令人印象极为深刻，寓意深远的场景，勾起人们对于这场灾难的追忆，并引发对于生命价值和生存意志的思考。

废墟广场：

入口处设置的废墟广场，是将原基地内的建筑拆除后的碎片铺于水面下，是点题的一笔，通过这一景观让参观者明确意识到即将开始的纪念之路。

地下纪念馆：

位于墙体北侧的地震纪念馆设置于地下，由一狭长如深谷般的下沉庭院进入，地下纪念馆的层顶种满玉兰树，以表达生命在灾难后的新生。

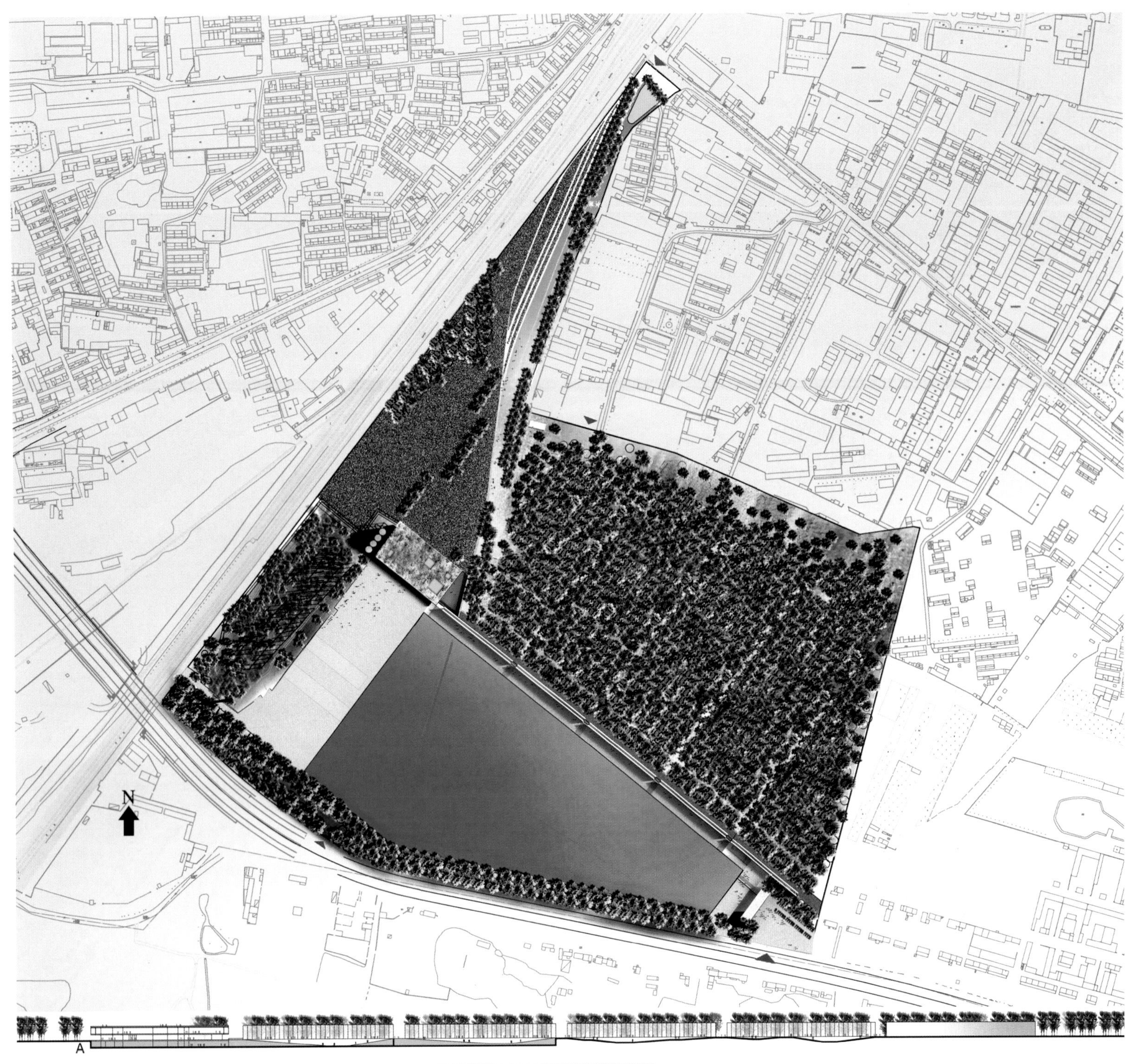
N
A

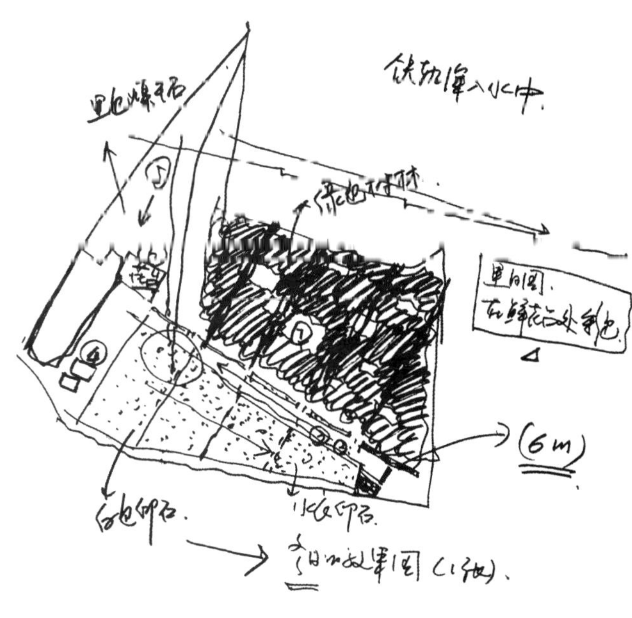
铁轨伸入水中.
绿色树林.
(6m)
白色卵石.
水底卵石.

包头松石国际城项目——主题公园景观设计

设计单位：澳斯派克（北京）景观规划设计有限公司
业　　主：包头市松石房地产开发有限责任公司
项目地点：中国内蒙古包头市
项目面积：20 000 m^2

松石国际城项目位于包头市青山区东北角，被国道自然分隔于主城区外，城市意象淡化，但项目通达性强。

主题公园属于松石国际城的一个中心社区公园，所处位置为整个项目地块的核心区域，紧邻中心商业综合体及二号地块。在销售期间作为项目展示的重点景观，日后则承担整个项目的公共休闲功能。根据松石国际城的建筑特点及整体景观风格，其中考虑800平方米样板间及相关市民休闲设施。

设计理念：

（1）营造地产展示，样板区高端景观品质。

（2）以人为本，满足市民休闲、健身及商业展览等全面需求。

（3）倡导创意，锐意创新，体现国际化的社区公园及商务办公区的新特征。

（4）绿色优先，营造大绿量、生态的人性化场所。

（5）“儿童乐园、艺术性、参与性”为主题，成为包头有名的儿童主题公园，为将来的销售及产品的展示提供实际的支持。

五彩盒乐园作为整个儿童艺术公园的核心景点，寓意打开五彩魔盒，释放阳光、活力、童趣的美好事物。

极具现代感的多彩BOX空间与手工质感的毛石景墙形成强烈的对比，结合趣味的攀爬墙，掩映在绿树环抱的空间中，投射出一股股天真烂漫的气息。

主题景观桥

采用现代的解构主义设计手法，利用点、线、面的交叉组合，为公园打造现代、简约、个性鲜明的地标景观。

利
图例：
1、入口植坛
2、logo景观墙
3、五彩魔盒
4、树下草丘
5、汀步
6、林下散步道
7、趣味攀爬墙
8、红色飘带
9、台阶步道
10、主景树
11、景观桥
12、几何草台
13、休憩长椅
14、组合滑梯
15、攀爬秋千
16、植物造景
17、景观方尖碑

构筑物设计

五彩盒乐园的构筑物用异形的外观、丰富的色彩和光影的变化，为整个主题空间奠定鲜明的主题，同时为人们参与园区活动增添了活力和趣味。

构筑物高度控制2 500 mm—6 000 mm

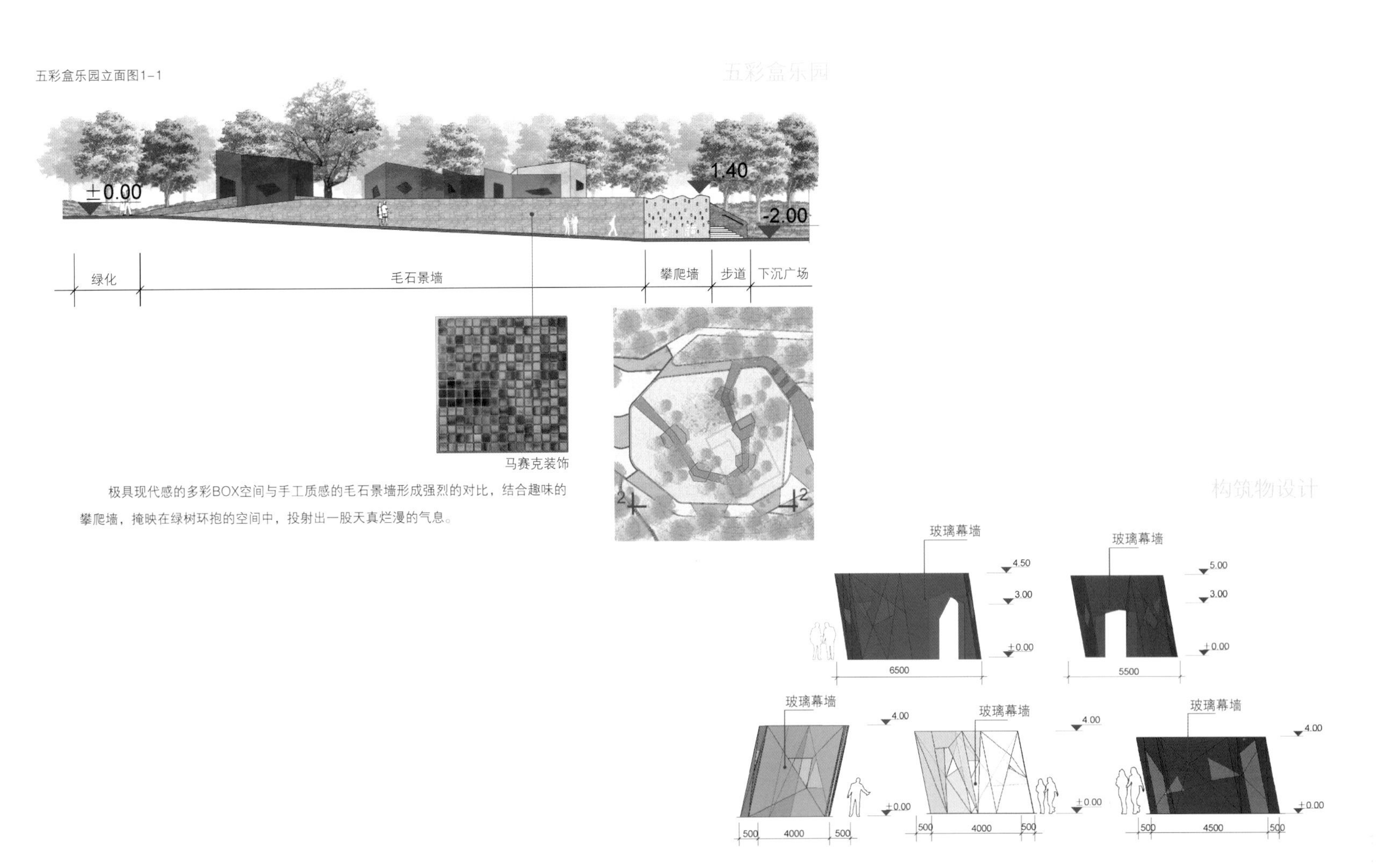

极具现代感的多彩BOX空间与手工质感的毛石景墙形成强烈的对比，结合趣味的攀爬墙，掩映在绿树环抱的空间中，投射出一股天真烂漫的气息。

芜湖市滨江公园（三期）规划方案设计

设计单位：奥雅设计集团
业　　主：芜湖市城乡规划局
项目地点：中国安徽省芜湖市
项目面积：220 000 m^2

芜湖市滨江公园位于城市中心城区西部的长江沿岸，北起芜湖造船厂，南至鲁港大桥，全长9.5千米。公园分为三期进行设计与施工，第三期工程主要为利民路至鲁港大桥段防洪墙及长江大堤外的沿江滩涂地区，定位为保护和改善城市生态，促进自然融合城市，打造城市滨江湿地生态景观，塑造用地整体景观形象，形成和滨江公园一、二期项目相互促进、相互补充的滨江景观，构建完整的滨江公园风景区，发挥用地公共服务功能。

设计愿景

感受绿色脉搏，体验全新滨江，创造一个连接城市、自然和文化的现代滨水公园，与周边公园形成差异化和互补发展，同时满足场地的生态型需求。

设计目标

（1）采用现代简约设计风格。

（2）易于建造和维护。

（3）利用水位变化，打造独特的景观效果。

（4）创造满足不同需求的生态系统。

（5）结合现有林木基础，将种植经济林作为景观元素。

（6）设计便捷的车行和人行流线。

（7）创造紧凑的动感核心区域，既可以减少大面积自然空间的造价和维护，又可以提升公园的使用率和吸引力。

（8）创造人性化和功能化景观。

（9）通过打造一个独具魅力的公园，提升整个城市的环境、社会和经济价值。

景观结构

以点、线结合的方式，串联起狭长的地块，从北端到南端，依次分布运动休闲区、都市活力港、生态自然公园、文化漫步广场、门户入口等几大功能区，与周围其他公园形成错位与互补发展，既满足周边大量居民的活动需求，也结合场地特性形成自然生态公园，同时与本土文化和历史相呼应，形成一个复合型的滨江公园。

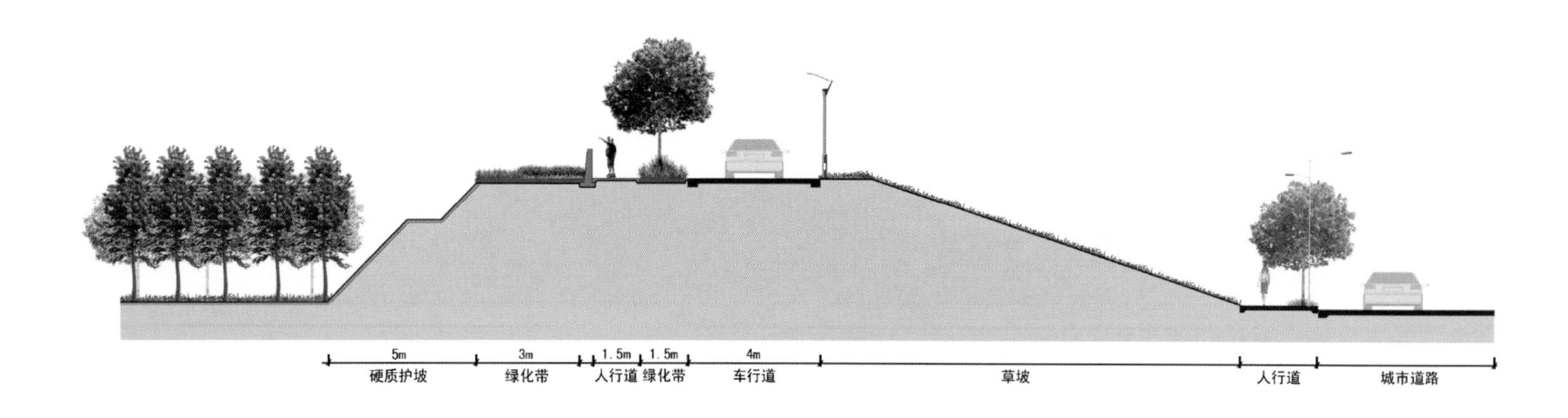
5m
硬质护坡
3m
绿化带
1.5m
人行道
1.5m
绿化带
4m
车行道
草坡
人行道
城市道路

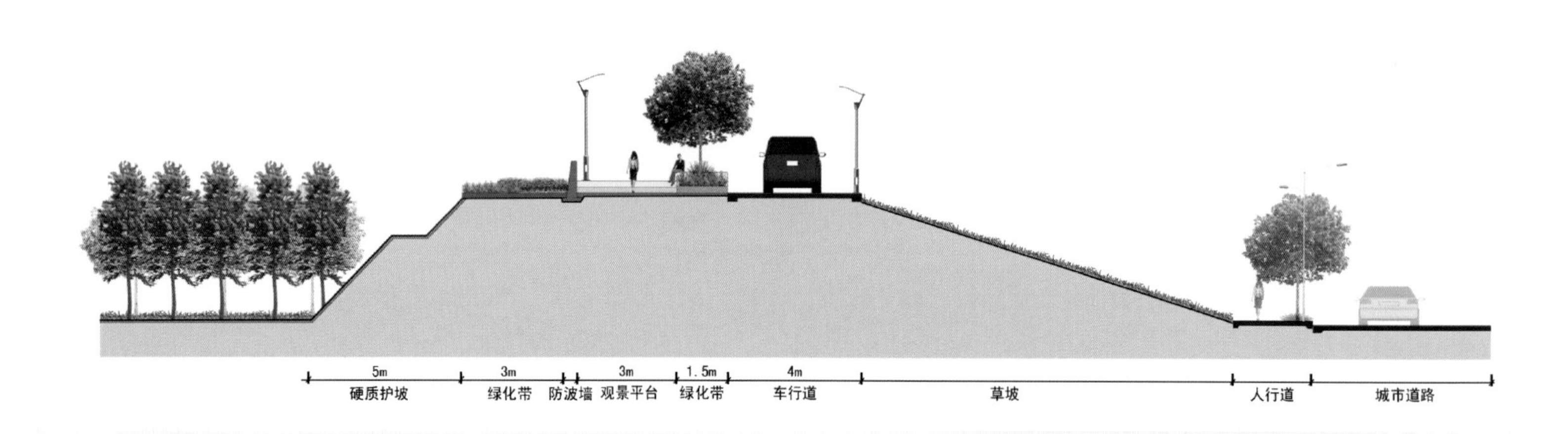
5m
硬质护坡
3m
绿化带
防波墙
3m
观景平台
1.5m
绿化带
4m
车行道
草坡
人行道
城市道路

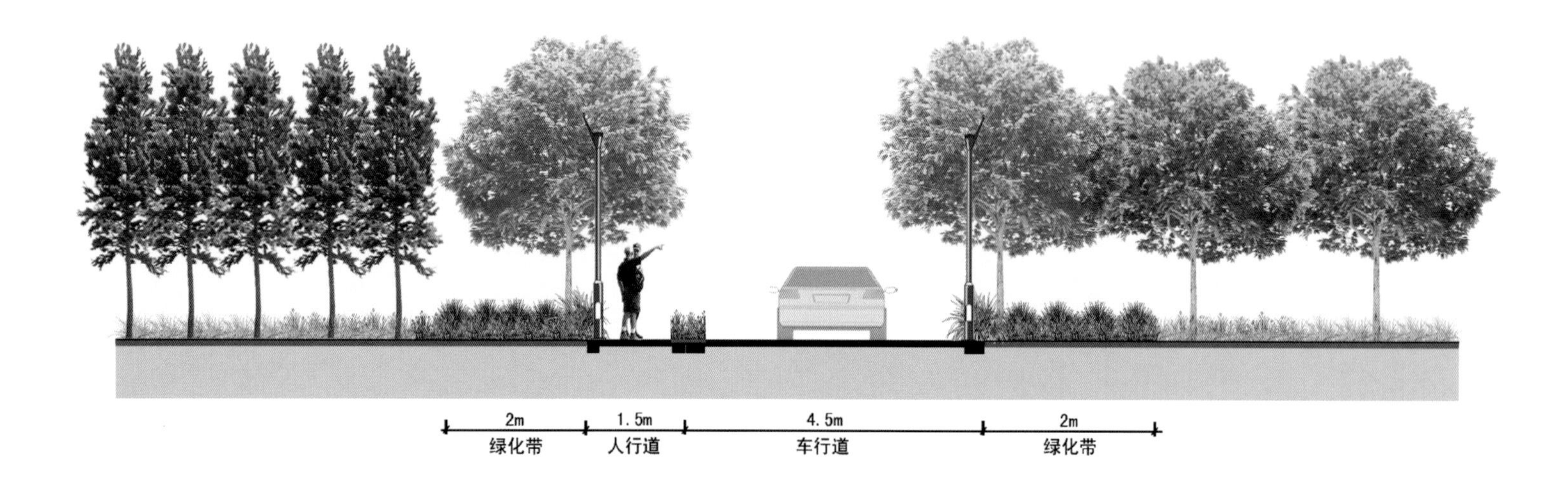
2m
绿化带
1.5m
人行道
4.5m
车行道
2m
绿化带

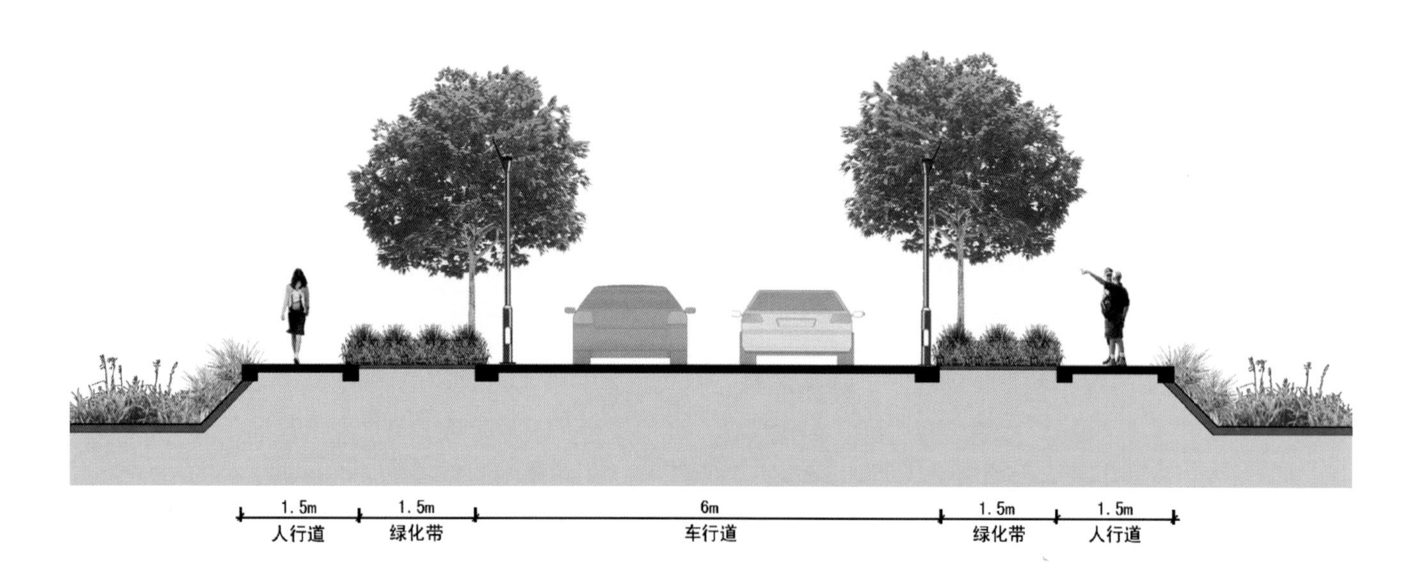
1.5m
人行道
1.5m
绿化带
6m
车行道
1.5m
绿化带
1.5m
人行道

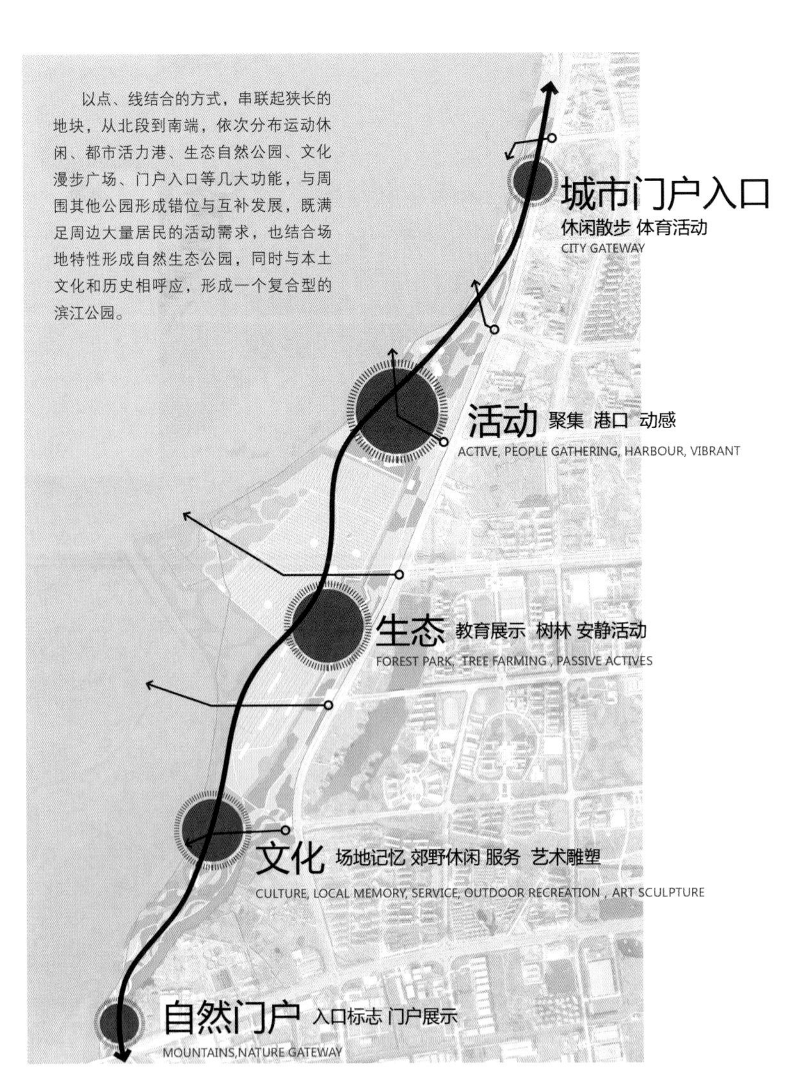

以点、线结合的方式，串联起狭长的地块，从北段到南端，依次分布运动休闲、都市活力港、生态自然公园、文化漫步广场、门户入口等几大功能，与周围其他公园形成错位与互补发展，既满足周边大量居民的活动需求，也结合场地特性形成自然生态公园，同时与本土文化和历史相呼应，形成一个复合型的滨江公园。
城市门户入口
休闲散步 体育活动
CITY GATEWAY
活动 聚集 港口 动感
ACTIVE, PEOPLE GATHERING, HARBOUR, VIBRANT
生态 教育展示 树林 安静活动
FOREST PARK, TREE FARMING , PASSIVE ACTIVES
文化 场地记忆 郊野休闲 服务 艺术雕塑
CULTURE, LOCAL MEMORY, SERVICE, OUTDOOR RECREATION , ART SCULPTURE
自然门户 入口标志 门户展示
MOUNTAINS,NATURE GATEWAY

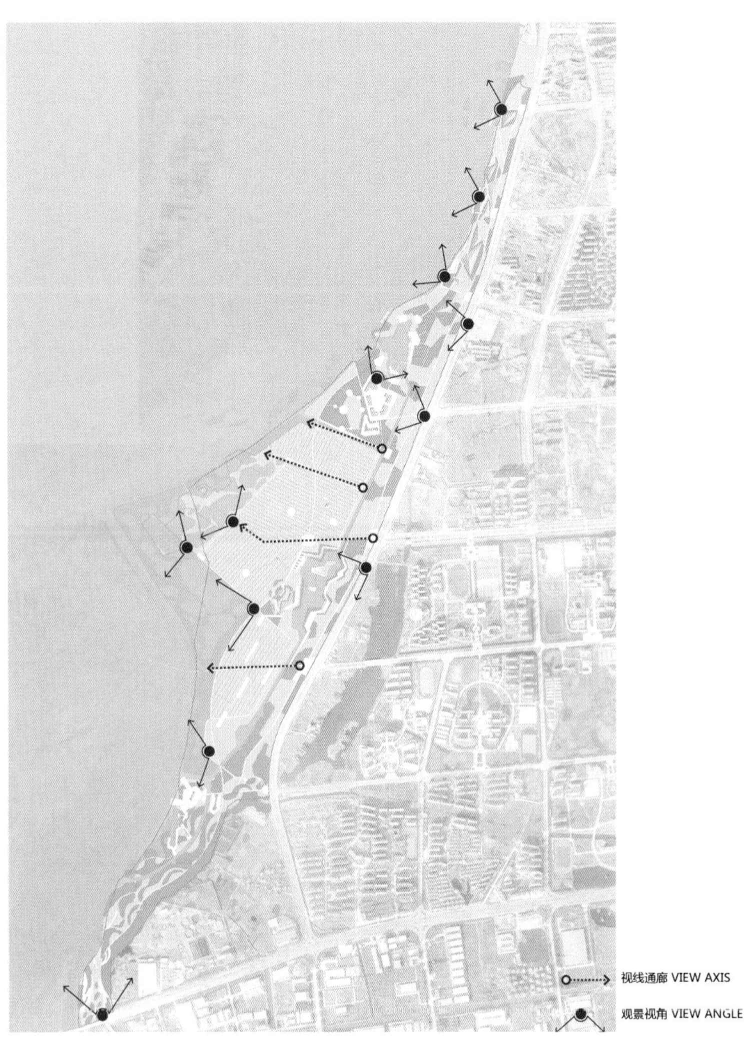

视线通廊 VIEW AXIS
观景视角 VIEW ANGLE

芜湖中央文化公园

设计单位：奥雅设计集团
业　　主：芜湖商务文化中心建设指挥部
项目地点：中国安徽省芜湖市
项目面积：480 000 m^2

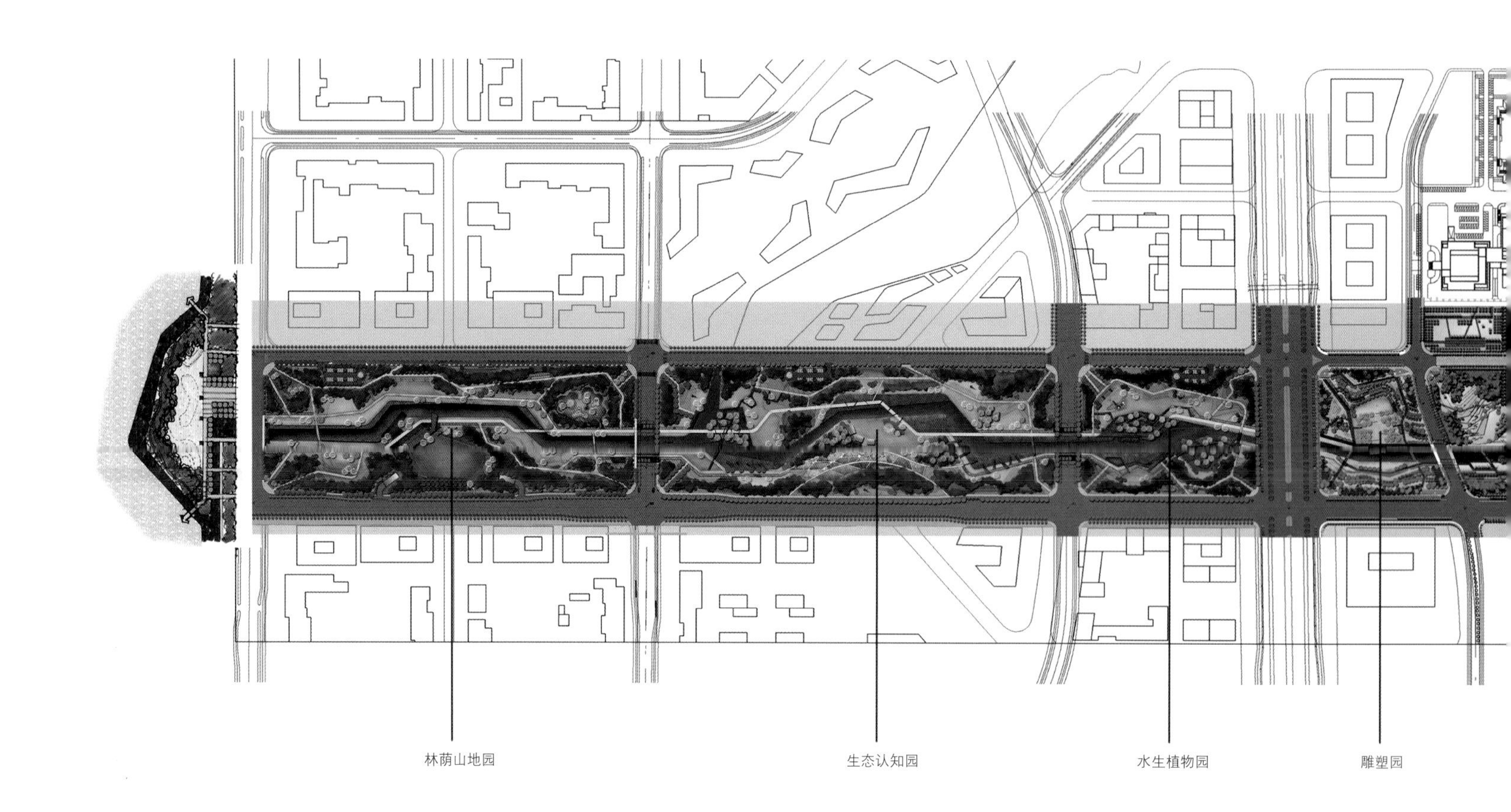

2008年奥雅设计集团通过竞标得到芜湖市城东新区建设办公室的委托，对新区中心区的占地48万平方米的中央文化公园进行景观设计。

位于芜湖城东新区的商务文化中心的定位是成为充满发展活力的芜湖市中心、凸显文化魅力的商务集聚区及体现水乡特色的生态示范区。而此公园的定位是城市公共绿地，是连接神山与扁担河的绿化轴线。我们的景观设计提出了“山水间的绿飘带”的概念，打造一体化的生态系统，形成中心区的集中开放空间，成为联系神山与扁担河的“生命线”，河、道、丘、林是公园景观设计的四大要素，也承担着城市中心地区生态系统的保持和恢复功能。

设计进入施工图阶段之后，当地政府要求半年之内完成第一期（4个街区）的建设。而设计与实施却面临诸多挑战：一是基地现状为淤泥土质，挖渠护岸不能成形；二是场地水文地质复杂，地下水位、地表径流皆受季节影响，时枯时涝。

考虑到以上问题，我们在景观设计上创建性地提出以下设计和实施策略：

（1）利用生态石笼驳岸，科学地解决了淤泥土质修渠堆坡的工程难题，并可稳固水土，实现了快速实施建设的目标。

（2）生态石笼演绎出水系驳岸有机、律动，干净却不僵硬刻板的景观形式，成为“河”景的一大特色。

（3）采用“生态草沟”代替管道雨水系统，枯时保墒蓄水，涝时缓冲雨洪；回渗的地面径流经草沟的过滤，汇入人工河道水系，创建了场地自身良好的水系循环系统，实现了人工水系零维护“可持续发展”的先进理念。

（4）草沟种植苗木采用本土的水生耐旱花草，成片的花草自然灵动，随风摇曳，壮观而生机勃勃；成为园路风景“道”上的一大特色。

（5）利用主题乔木片植形成“飘带”，壮观大气，是为“林”的特色；园中有 银杏、水杉 等的主题林带；种植的另一特色反映在“低层”，选用当地多年生的草本花木，实现零维护“可持续发展”的先进理念。

（6）挖渠堆坡，既平衡了土方，又营造了园区特色的景观要素——“丘”。

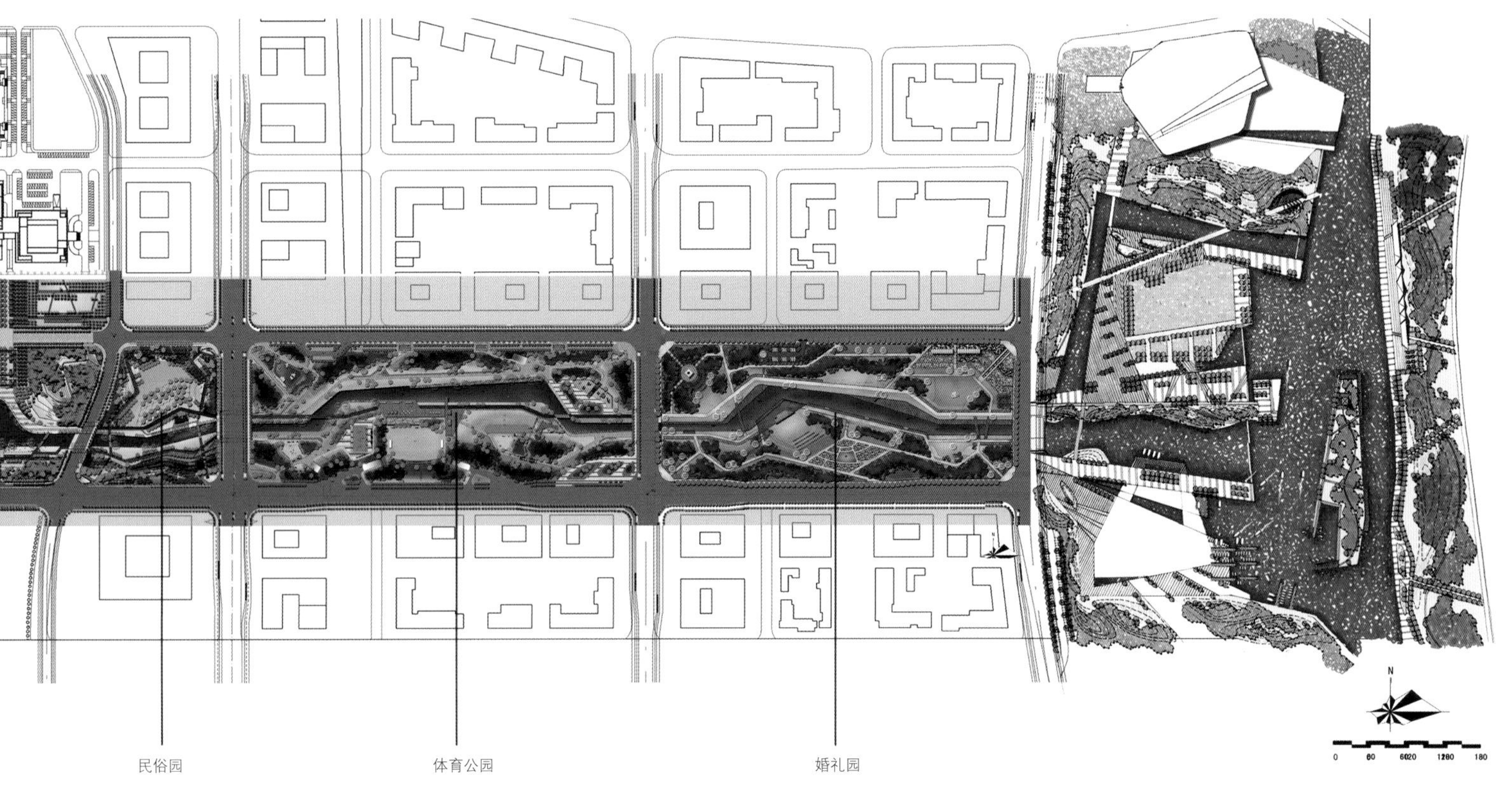
民俗园
体育公园
婚礼园
N
0 60 6020 1200 180

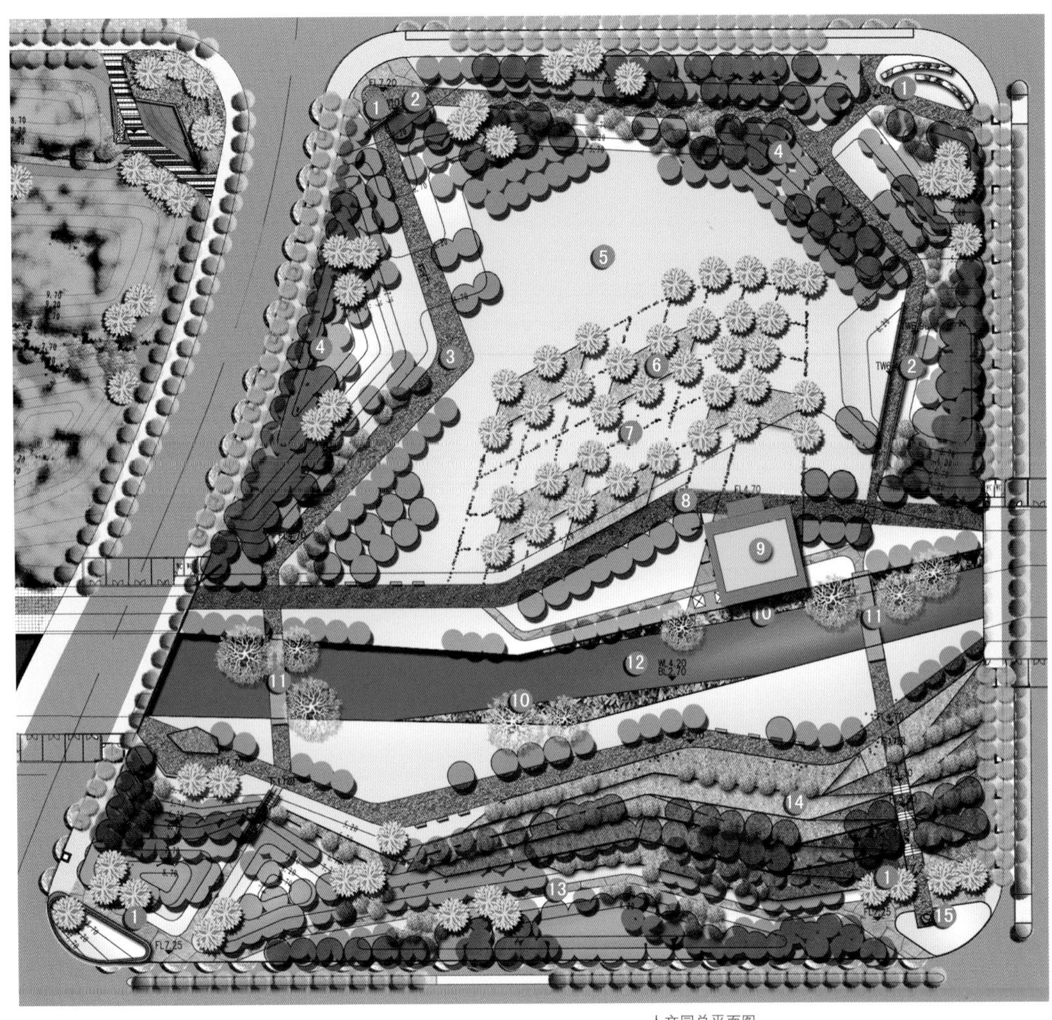

1.特色入口广场　2.特色景墙
3.不规则道路　4.生态密林
5.阳光草坪　6.特色种植园
7.特色石汀　8.自行车路
9.咖啡厅　10.绿飘带——湿地植物
11.特色小桥　12.河道
13.舒适小径　14.花篱
15.特色雕塑

人文园总平面图

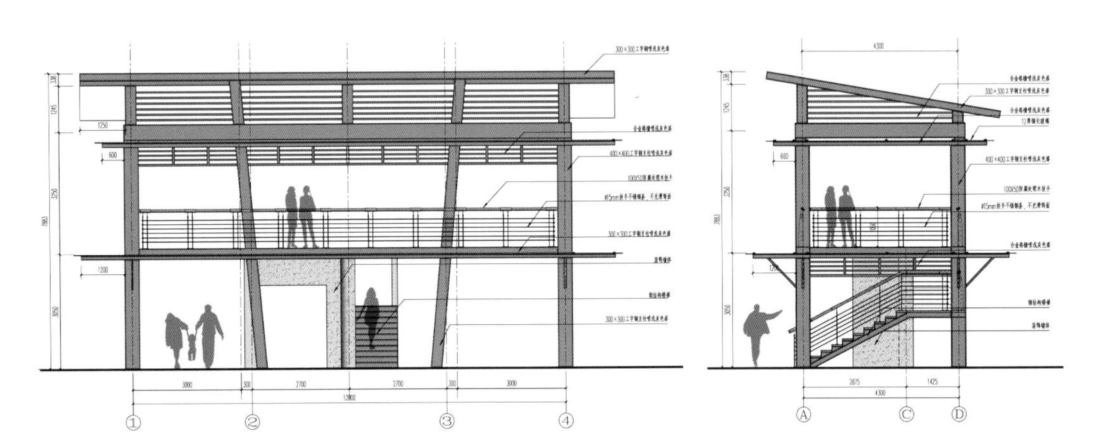

主要景点：
A:圆满台　D:玫瑰花园
B:桥　E:露天剧场
C:杜鹃园

01 婚礼园入口　08 特色构架　15 特色台地种植景观
02 婚礼园景亭　09 开放草坪　16 入口景观大道
03 景观挑台　10 特色看台坐墙　17 疏林草坪
04 景观桥　11 滨水休闲区　18 自行车道
05 湿地　12 特色坐凳　19 阳光草坪
06 生态草沟　13 玫瑰主题园　20 生态停车场
07 亲水木平台　14 特色双骄

婚礼园总平面图

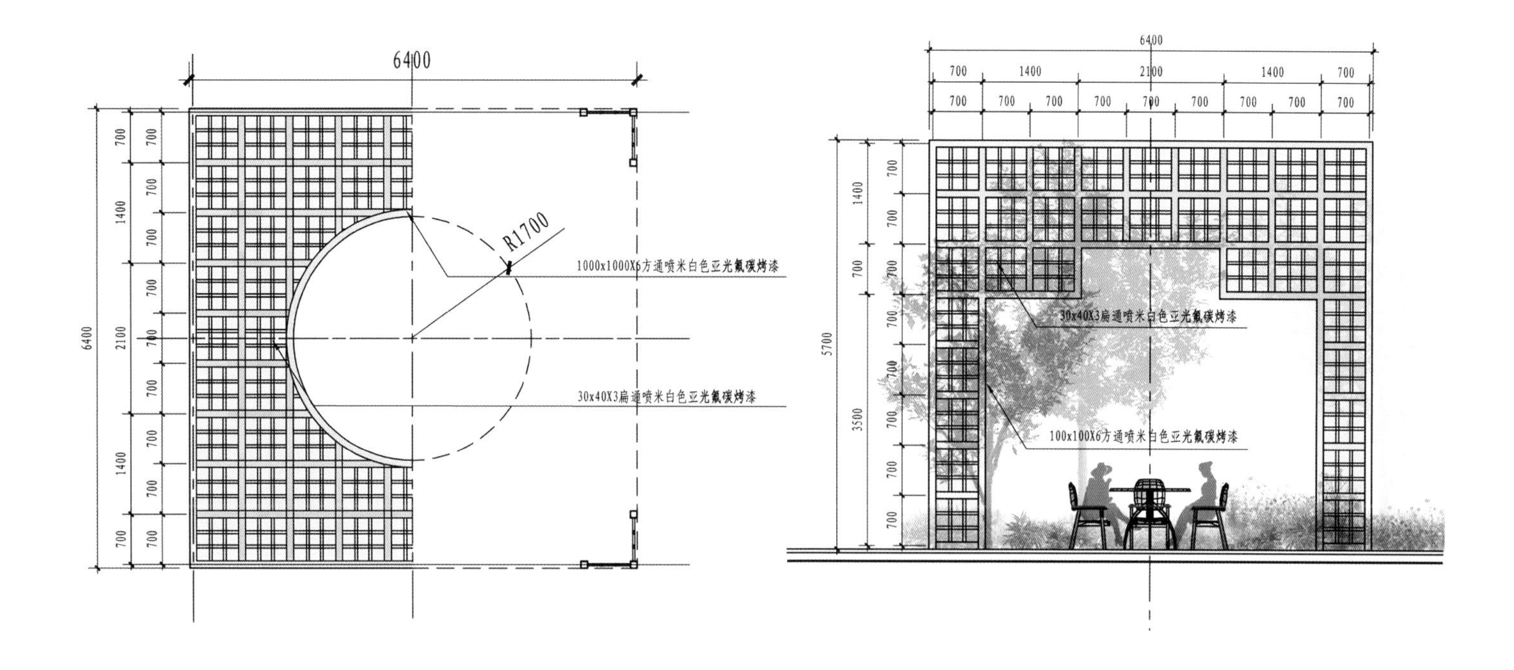
6400
700
1400
2100
700
R1700
1000x1000X6方通喷米白色亚光氟碳烤漆
30x40X3扁通喷米白色亚光氟碳烤漆
100x100X6方通喷米白色亚光氟碳烤漆
5700
3500

车道
人行道
地形
园路
开敞草坪
生态草沟
园路
观景平台
中心河区
水生种植
草坡入水
自行车道
开敞草坪
婚礼亭
种植
涵洞
人行道
车道

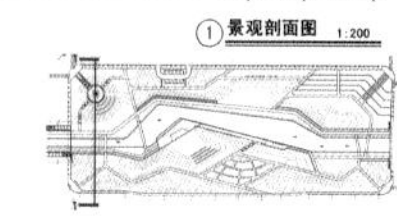
① 景观剖面图 1:200

婚礼园景观剖面图

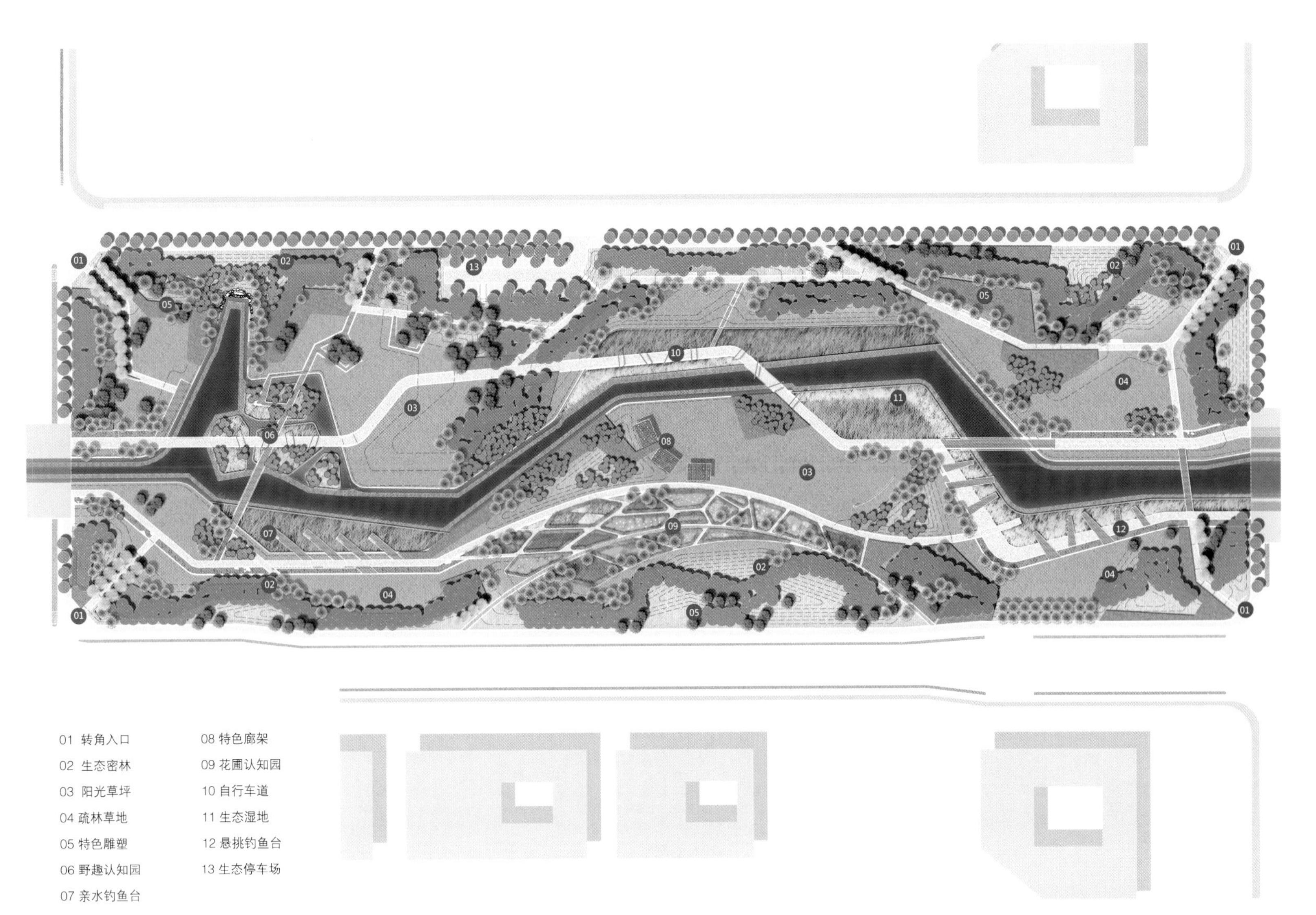

生态认知园总平面图

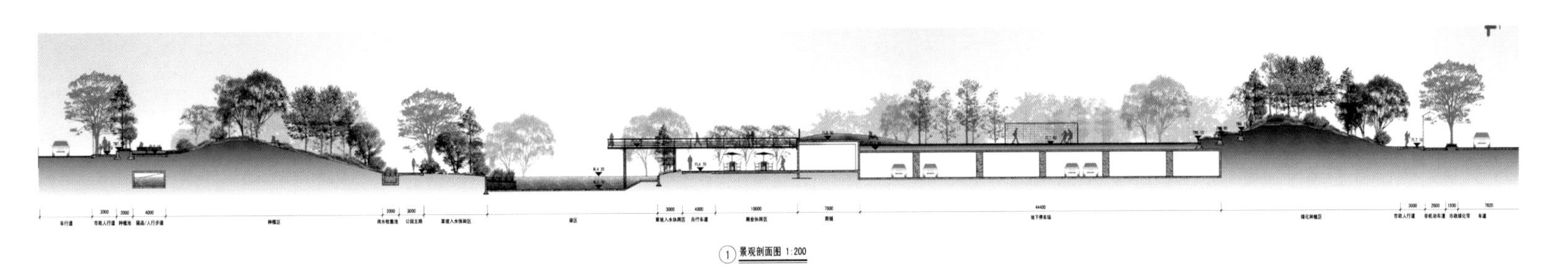

运动园景观剖面图

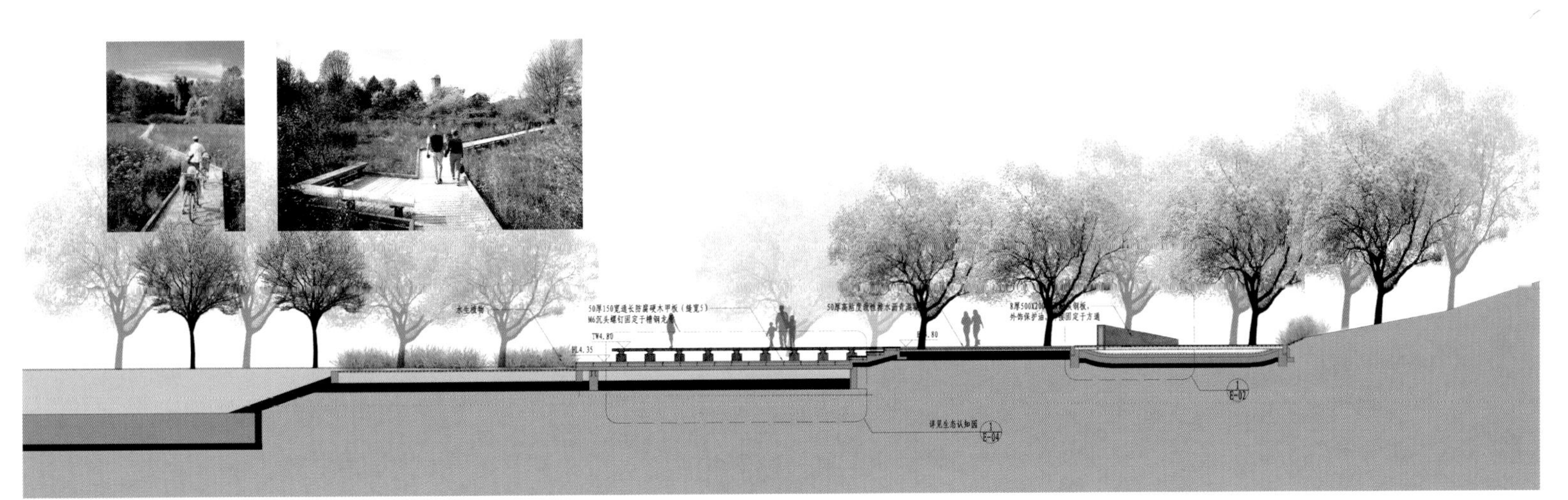

水生植物园景观剖面图

车行道
市政人行道
地形及种植
园路
草坡入水
河道
自行车道
河道
地形及种植
园路
野生花圃
地形及种植
市政人行道
车行道

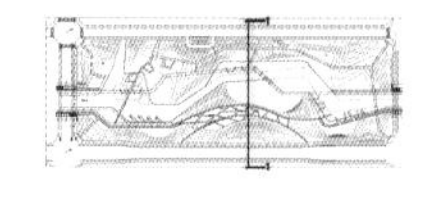

景观剖面图

永新文化公园规划设计

设计单位：上海易境（EGS)景观规划设计有限公司
设 计 师：孙旭阳 曹蕾蕾 岀欣荣 张洁 姚泮 石雯玲 蔡运义 黄修平
项目地点：中国江西省永新县
项目面积：380 000 m²

本案位于江西省永新县河东新区，毗邻禾水河，是河东新区启动的第一个大型城市绿地项目，基地呈三角形，总用地面积38万平方米。本案以永新的地方文化为主线，分为农耕文化、书院文化、红色文化和生态湿地四大板块。本项目充分地展示了当地的历史、民俗、文化与风情，为市民提供了一处休闲、游憩的绿色空间。

吉安湿地松森林公园规划设计

设计单位：上海易境（EGS)景观规划设计有限公司
设 计 师：曹蕾蕾 苟欣荣 姚萍 石雯玲
项目地点：中国江西省吉安市
项目面积：450 000 m^2

吉安湿地松森林公园是以自然湿地松林为基本特色，以保护复育为基本手段，建设成能够吸引当地游客前来，满足各阶层市民娱乐游憩、休闲度假、运动健身、拓展科普等活动的郊野型森林公园。本项目在保持改善城市生态品质的同时，提升吉安市的城市形象，形成吉安地区绿地建设的新亮点。

LAND PINE FOREST PARK
ENERANCE
湿地松森林公园

Toilet

极限营地

松林故事

吉州窑国家考古遗址公园规划设计

设计单位：上海易境（EGS)景观规划设计有限公司
设 计 师：孙旭阳 王俊杰 曹蕾蕾 黄勇 刘琨 刘伟 胡含 周卫超 姚萍 石雯玲 胡建 刘蔚
许航建 Karin Doberstau（德国）、Torres Begines Luis (西班牙) 等
项目地点：中国江西省吉安县
项目面积：1 400 000 m²

吉州窑位于江西省吉安县，是江南地区一处举世闻名的综合性瓷窑，在我国陶瓷史上占有重要的地位。

吉州窑保护区占地面积140万平方米，一期建设内容包括吉州窑国家考古遗址公园、中国吉州窑博物馆、古镇文化广场、东昌路改造等内容。

本案定位是打造以保护展示陶瓷、古镇文化，满足考古科研、游客了解和体验陶瓷文化、观光游憩和休闲要求的国家考古遗址公园。遗址公园是未来展示古镇文化、陶瓷文化的重要载体。

1. 陶冶坊入口
2.亲水平台
3. 特色铺装
4.制泥展示
5. 展厅出口
6. 闸钵路
7. 晾坯场
8.次入小柴门
9. 拉坯工艺展示
10. 游廊
11.制陶工艺展示
12.半廊展示
13.工艺展示
14.陶工场景雕塑展示
15.晾坯场
16.陶瓷
17.土地庙
18.龙窑大棚
19.文化展示节点
20.出口

宋·莲池街

宋 莲池街
SONG LIANCHI

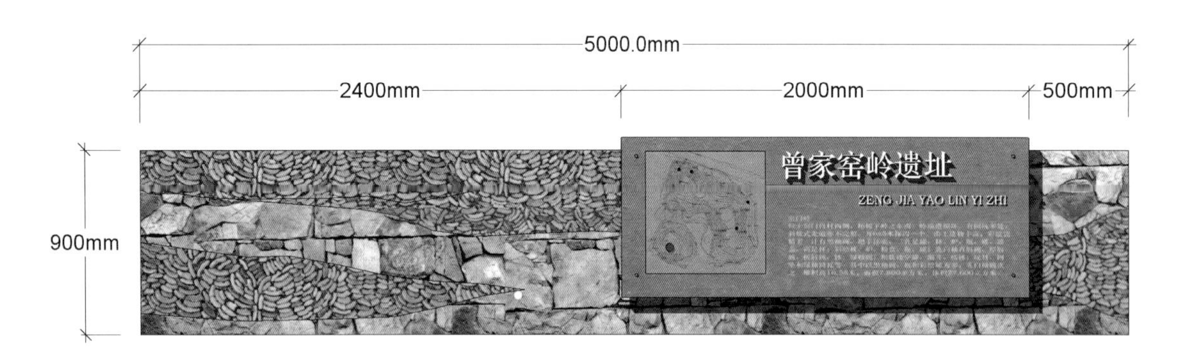
5000.0mm
2400mm
2000mm
500mm
900mm
曾家窑岭遗址
ZENG JIA YAO LIN YI ZHI

960mm

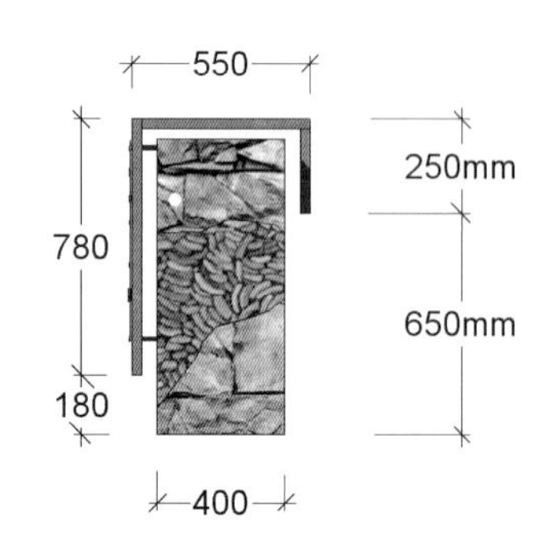
550
780
180
400
250mm
650mm

东昌路平面图

1 古镇入口　2 文公祠　3 画水塘　4 尹家山岭　6 茅庵岭　7 后背岭　8 斜家岭　9 窑岭标牌节点　11 作坊遗址　12 宋街　13 牌坊　14 轩及露天茶社

芜湖汀棠公园景观设计

设计单位：XWHO | RECON
项目地点：中国安徽省芜湖市
项目面积：684 273 m^2

本次设计是公园的更新扩建目的使公园重新焕发出勃勃生机，从而激活区域的休闲活力，为市民提供一个休闲、浪漫、生态的户外活动场所。设计引入“RBD——城市休闲商务区”的概念，将汀棠公园及周边地块设想为一个由开放空间、商业街、办公楼、居住社区和城市基础设施组成的集休闲、观光、旅游为一体的开放式城市休闲生态公园主题区，并将其打造成城市活力的核心，与华强旅游城、神山公园及沿江复合景观带等联动开发，带动芜湖休闲、娱乐、旅游产业的发展。

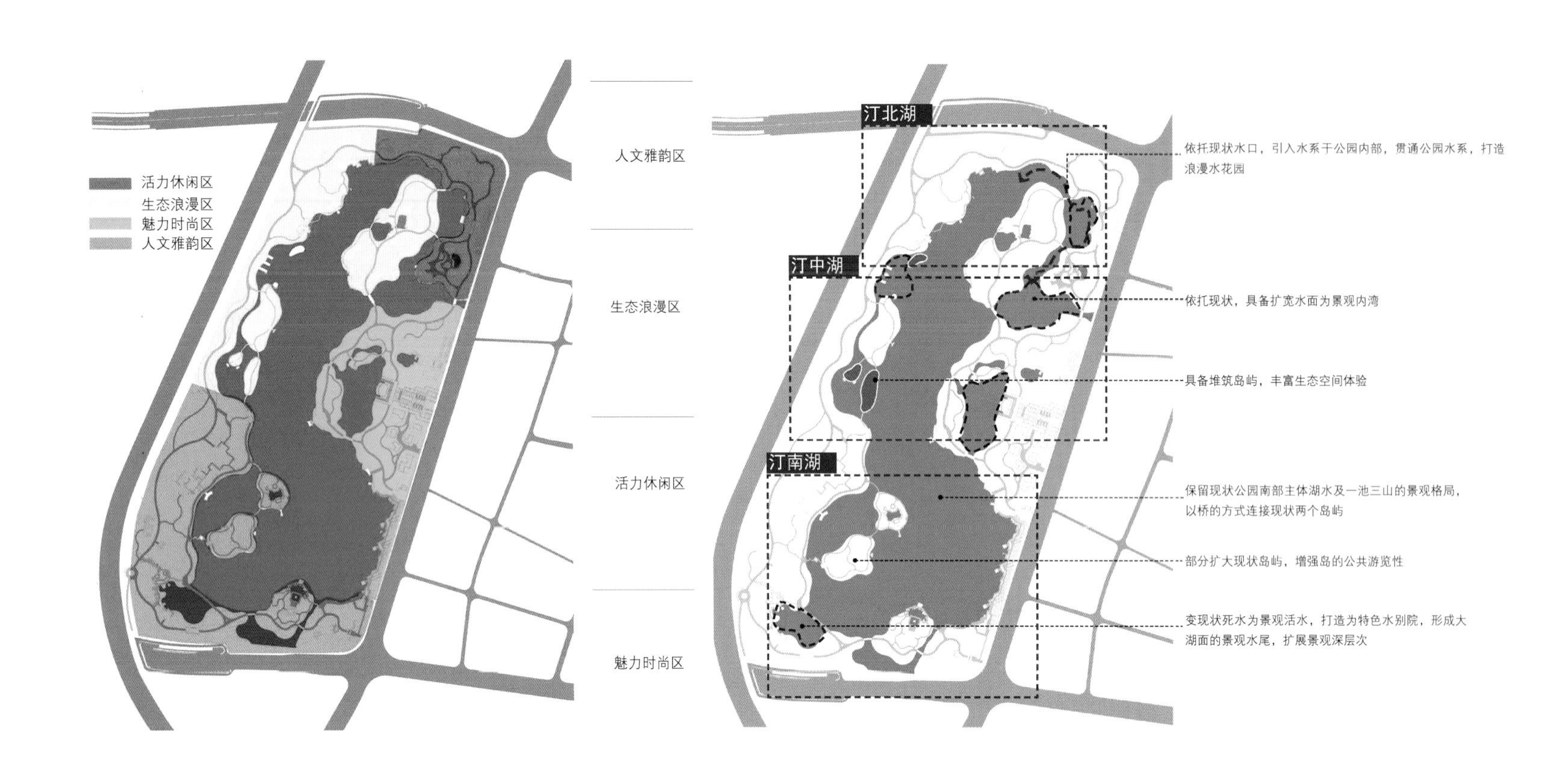
活力休闲区
生态浪漫区
魅力时尚区
人文雅韵区
人文雅韵区
生态浪漫区
活力休闲区
魅力时尚区
汀北湖
汀中湖
汀南湖
依托现状水口，引入水系于公园内部，贯通公园水系，打造浪漫水花园
依托现状，具备扩宽水面为景观内湾
具备堆筑岛屿，丰富生态空间体验
保留现状公园南部主体湖水及一池三山的景观格局，以桥的方式连接现状两个岛屿
部分扩大现状岛屿，增强岛的公共游览性
变现状死水为景观活水，打造为特色水别院，形成大湖面的景观水尾，扩展景观深层次

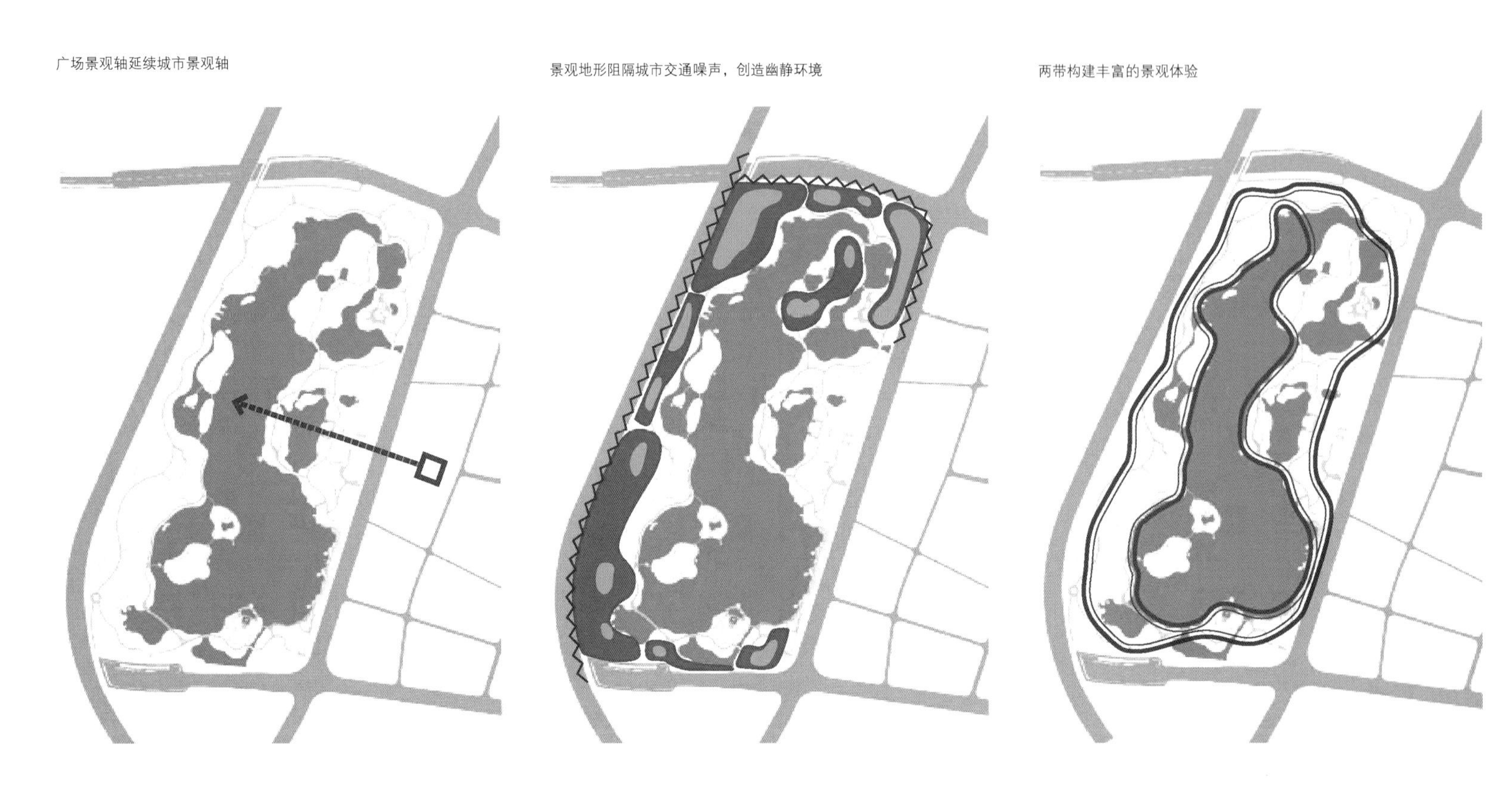
广场景观轴延续城市景观轴
景观地形阻隔城市交通噪声，创造幽静环境
两带构建丰富的景观体验

STARBUCKS COFFEE

独墅湖湿地公园景观

设计单位：上海朗基建筑设计有限公司
项目地点：中国江苏省苏州市
项目面积：195 550 m^2

独墅湖湿地公园北邻独墅湖，南邻东方大道，与尹山湖水街位于同一轴线，滨水资源丰富。在空中俯瞰整个公园，大小不一的“核”状地形散布在公园内，并在现有水体的基础上，设计了很多线状的浅水区域，打造成适合水生植物的生长环境。

设计上遵循生态性和以人为本的设计原则，从全方位考虑设计空间与自然空间的融合。运用堆土成坡、铺地色彩、落差植物配植等手法进行高差的创造和空间转换，因地制宜地建设成为一个适合游人运动、休闲的“绿色、生态、环保”为主题的生态湿地公园。在这里人与自然亲密接触，千米长的二层步道走廊贯穿整个园区。

植物设计上主要以季相和色相的变化为主，通过乔、灌、水生地被等植物的合理配植，形成具有一定程度生物多样性的植物群落，建立功能配套完善、结构合理、人工与自然和谐共处的绿色活动空间。

天津文化中心

设计单位：RhineScheme GmbH (德国莱茵之华有限公司) + Atelier Dreiseitl
项目地点：中国天津市
项目面积：900 000 m^2
竣工时间：2012年6月
获奖情况：国际景观设计竞赛一等奖
并获后续设计的委托

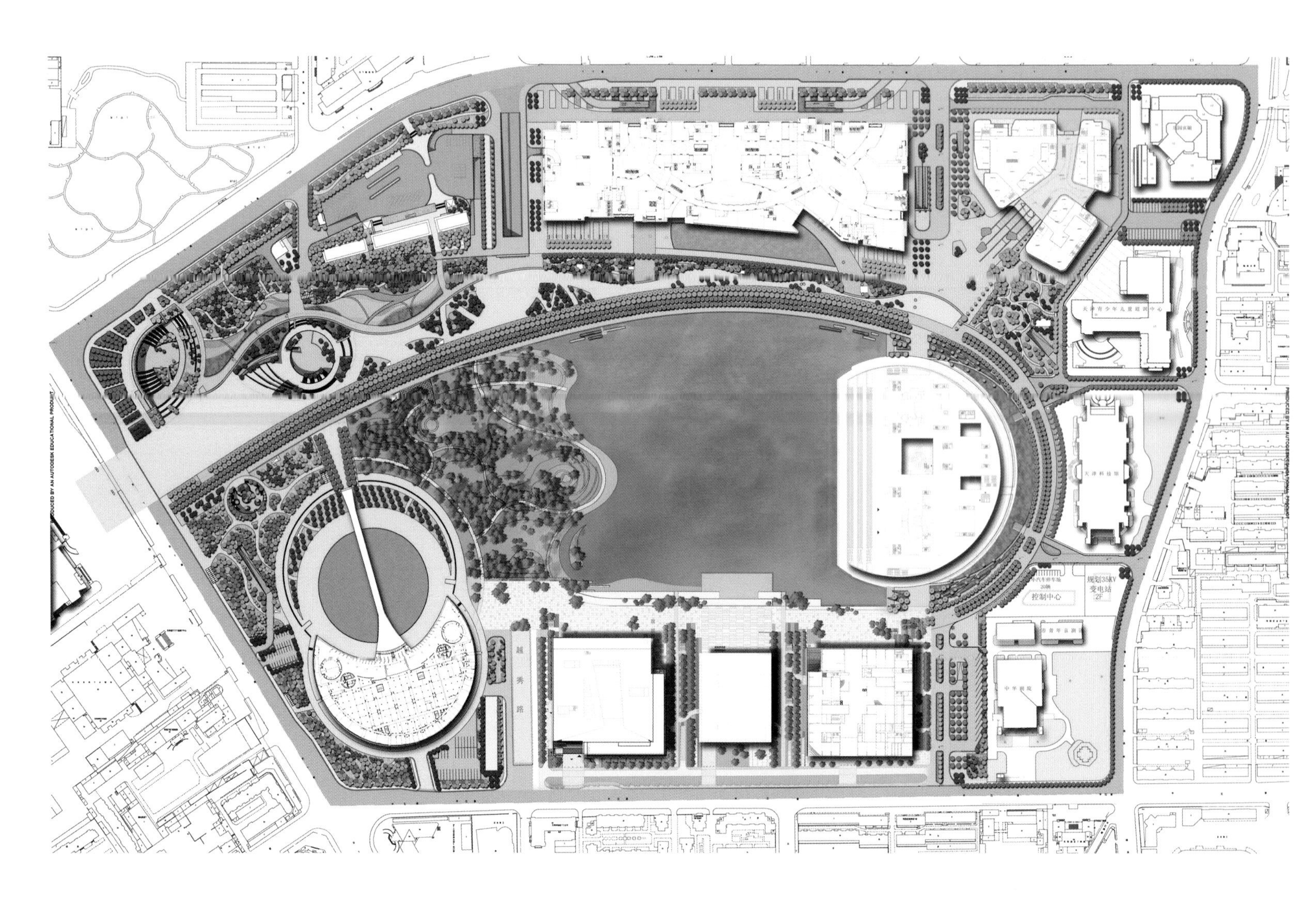

由德国莱茵之华有限公司设计的天津文化中心总体规划（获得国际城市规划竞赛一等奖）以文化园为核心。

它的目标是创建具有国际声誉的文化区，与现有的月牙形自然历史博物馆相结合，二者相得益彰，并包含一整套新的文化和公共设施。

竞赛过后，由莱茵之华景观设计师带领的设计团队与国际知名的城市规划师和建筑师一起创造了一组充满活力的室内和室外文化空间，以水为核心设计元素，把这两个空间巧妙地连接起来，使之成为和谐的统一体。

该文化园占地面积约 90万平方米，园中央设有占地10万平方米的湖。一条 700 米长的广阔走廊蜿蜒其中。位于天津大剧院前长达150米的湖滩景观是此园的核心元素，也是最引人注目的景点。

与交响乐渐强的音节和长笛独奏低调的旋律之间形成强烈的对比一样，天津文化中心的优美景观也深深地吸引着众多的游客。

生态园、公园、广场和露台点缀着湖边的美景，为游客提供了绝佳的艺术美感，同时，博物馆、大剧院、图书馆可以让游客感受科学和历史气息，购物中心以及青少年活动中心也给游客带来了极大的便利。

此外，旨在推动文化活动的视觉景观还附加了更实效的功能——提供运动和娱乐场所，包括溜冰场、野餐点以及供不同年龄段的人互动的场所。宏大的设计理念还包括尺度宜人的个人空间，游客可在这里安静地沉思。

因此，虽然文化园立足国际，但其设计仍然以天津人民为出发点。

© Christian Gahl

鹰潭市滨江公园规划设计

设计单位：上海浦东建筑设计院选泉都市设计所
　　　　　上海选泉建筑景观规划设计有限公司
业　　主：鹰潭市公共工程建设集团有限公司
主持主创：林选泉团队
项目地点：中国江西省鹰潭市
项目面积：230 000 m²

设计理念

鹰潭龙虎山是中国道教的发源地，鹰潭被称为中国道都，滨江公园的设计理念受到道教文化的启发，提炼出“自然之道”的设计理念，以“道法自然”的生态观和“阴阳哲学”的平衡观，努力营造人工与自然相融合的滨水生态景观。场地整体形态构思源自道家思想物化形态的代表——拂尘，反映道家柔中可刚的思想，景观形态刚柔并济，从南到北实现人工向自然的逐渐演化和过渡。公园功能上分为老码头文化区、滨水活动区、公园游览区、江滩生态区这四大部分，并通过“理水之道、控温之道、植绿之道、造景之道”来让“江、岸、城、人”有机地融合在一起，最终建设滨水景观文化走廊、建立沿江休闲开放空间轴、构筑城市绿色生态廊道。

无为设计

出于对道教文化的“无为”思想以及当代的生态理念的推崇，设计“自然之道”的理念受到道教文化的启发，但是这种启发不能仅仅停留在关注道教文化的表层，而是将这种文化精髓物化成空间载体。

针对场地原棚户区有机形成的三层“台地式”地形，设计融入“无为”思想，摒弃大开大挖，而是顺势而为，面对十几米高差的江岸，通过台阶、草坡、挡墙等多种处理手段对场地高差进行景观处理，将防洪设计融入场地的景观设计当中，以“隐”的方式来处理防洪问题，塑造了丰富而有趣味的竖向景观空间，解决了场地高低空间之间的交通联系，协调好城市防洪和市民亲水活动需要的矛盾。

除了保留场地中大树、台阶和老码头，对沿江民房拆迁后废弃建筑材料适当进行回收利用，以古典建筑构架为原型，融入现代工业材料以及对鹰潭本土特色的“街巷”空间的现代表达，将文脉物化成了“鹰潭风情园”同时在传统院落空间外的现代轴线内穿插了“山之园、水之园、铜之园、道之园”四大主题园，抽象表达以山、水、道、铜为代表的鹰潭地理和人文印象。这两个传统与现代轴线交织对比，达到传统和现代的融合与统一。

利用连续的滨江步行道作为观景走廊，贯穿石、水、林、岛，于其沿线组织出不同的休闲空间，满足游憩需求。

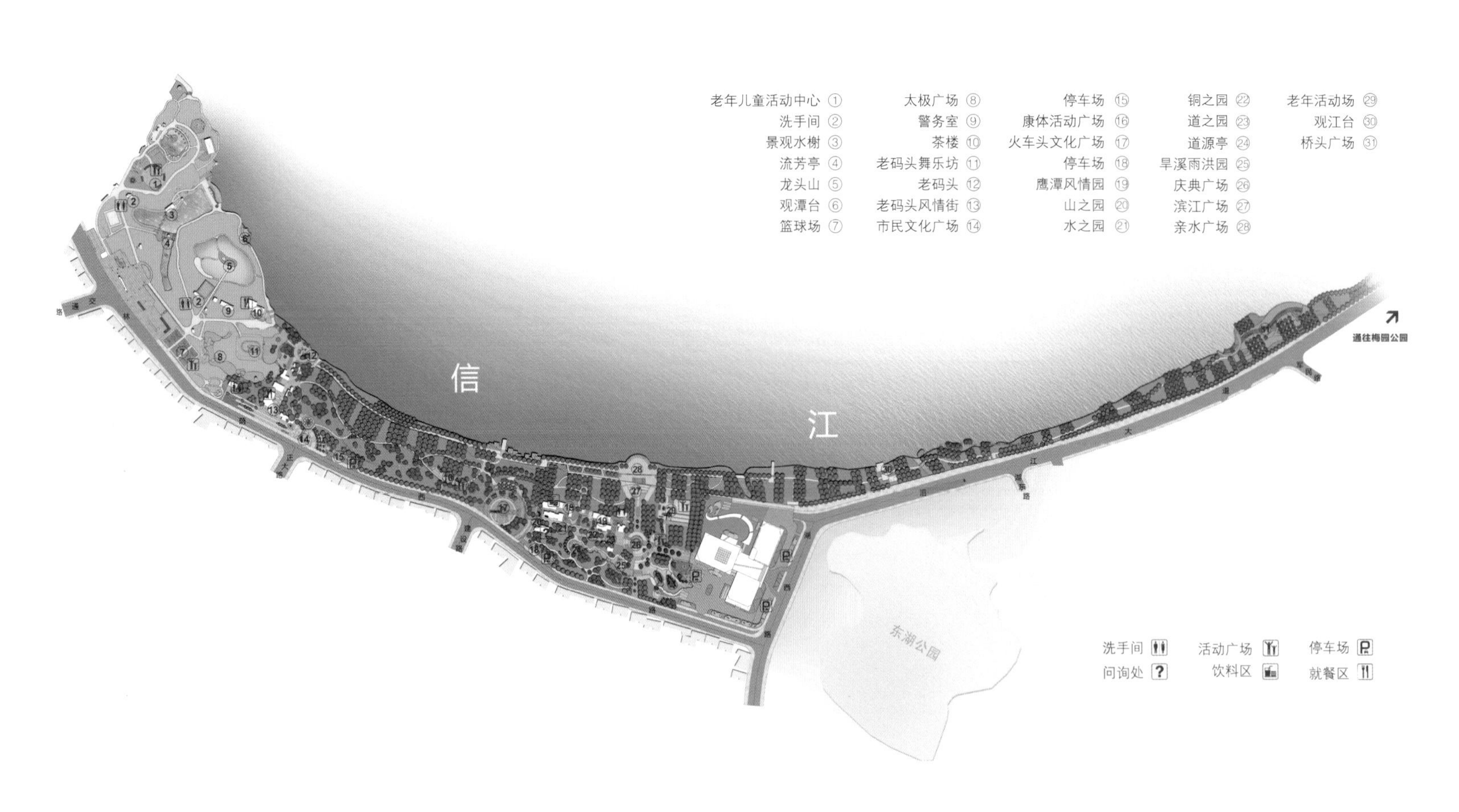
老年儿童活动中心 ①
洗手间 ②
景观水榭 ③
流芳亭 ④
龙头山 ⑤
观潭台 ⑥
篮球场 ⑦
太极广场 ⑧
警务室 ⑨
茶楼 ⑩
老码头舞乐坊 ⑪
老码头 ⑫
老码头风情街 ⑬
市民文化广场 ⑭
停车场 ⑮
康体活动广场 ⑯
火车头文化广场 ⑰
停车场 ⑱
鹰潭风情园 ⑲
山之园 ⑳
水之园 ㉑
铜之园 ㉒
道之园 ㉓
道源亭 ㉔
旱溪雨洪园 ㉕
庆典广场 ㉖
滨江广场 ㉗
亲水广场 ㉘
老年活动场 ㉙
观江台 ㉚
桥头广场 ㉛
信
江
东湖公园
通往梅园公园
洗手间
活动广场
停车场
问询处
饮料区
就餐区

上海前滩滨江公园

设计单位：上海选泉建筑景观规划设计有限公司
业　　主：上海滨江国际旅游度假区开发有限公司
主持主创：林选泉团队
项目地点：中国上海市
项目面积：900 000 m^2

上海前滩地区是世博会及黄浦江南部滨江地区的重要组成部分，本设计充分发挥东方体育中心和滨江生态空间的特点，构建生态型、综合性城市社区。重点发展三大核心功能，即：总部商务、文化传媒、运动休闲。依托独特的资源优势，突出自然健康、多样活力、集约高效的规划理念，倡导工作与生活、城市与自然、出行与休闲紧密结合，提供多样性城市功能和空间体验。

前滩滨江公园由黄浦江滨江渗入到前滩核心商务区、东方体育中心、媒体城、国际社区，它是前滩各个功能地块的绿色生命纽带。

重新思考城与绿

当城市的发展从城市发展需要来考虑资源配置供给到依据资源环境条件谋求城市的可持续发展的过程中，实现了城与绿关系的基本转变，绿地为底，为城市提供发展网络构架。

以最少的土地实现最多的资源保护，其根本在于实现绿地的多功能性，这种多功能性表现在平面的城与绿、城与水的交融、边界的模糊，也体现在绿地本身的多功能性，包括生态、游憩、文化展示等功能的垂直叠加。

从公园到公共空间的转变在于，绿是载体，在此基础上各种功能孕育而生。生态是基底，根本在于实现自然生态与人文生态的和谐共生，自然与自然、人与人、自然与人没有距离。绿色共生城市生活，城市生活融入绿色。

从公园到公共空间的转变在于，绿是载体，在此基础上各种功能孕育而生。生态是基底，根本在于实现自然生态与人文生态和谐共生。自然与自然，人与人，自然与人没有距离。

绿色共生城市生活，城市生活融入绿色。

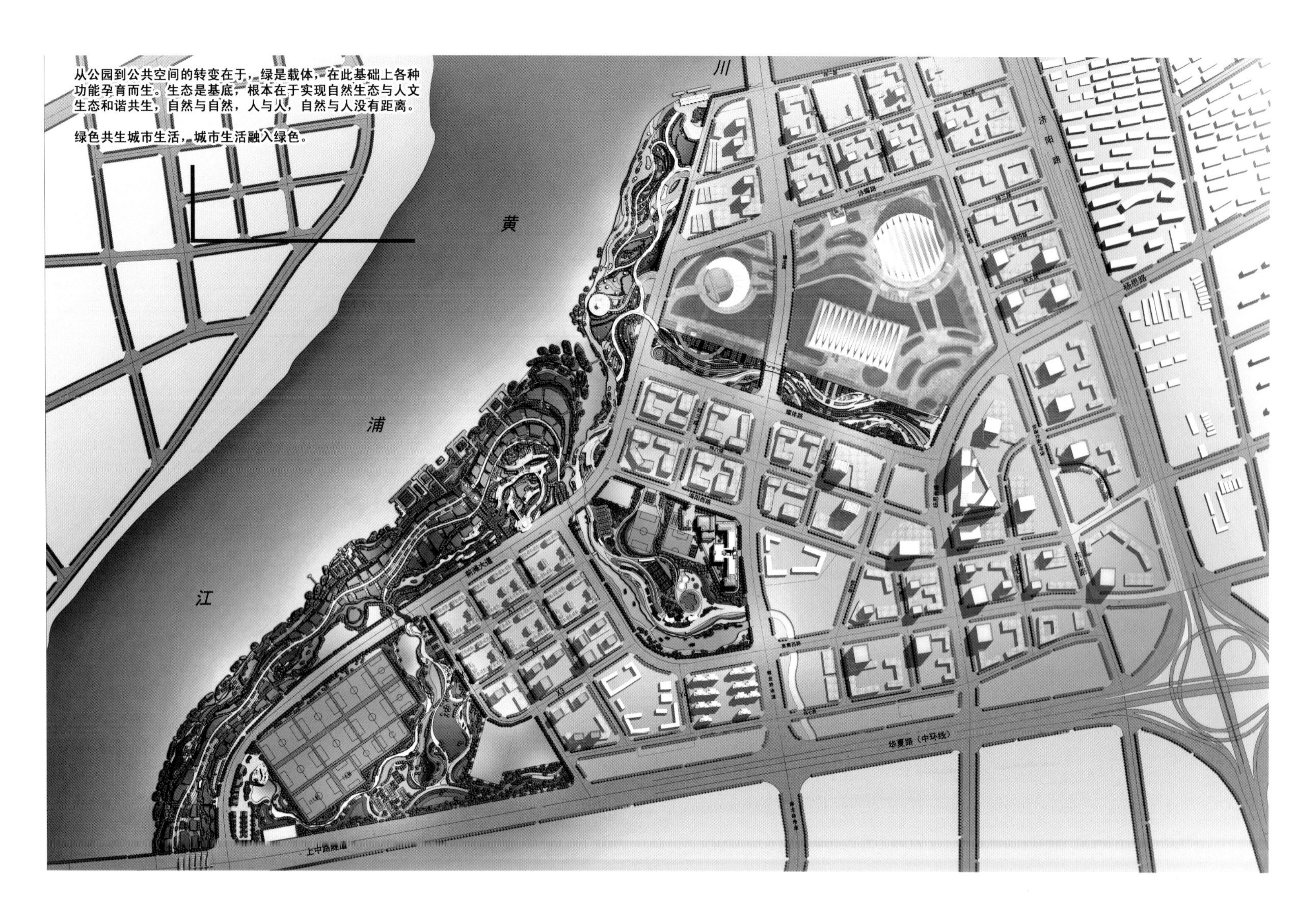

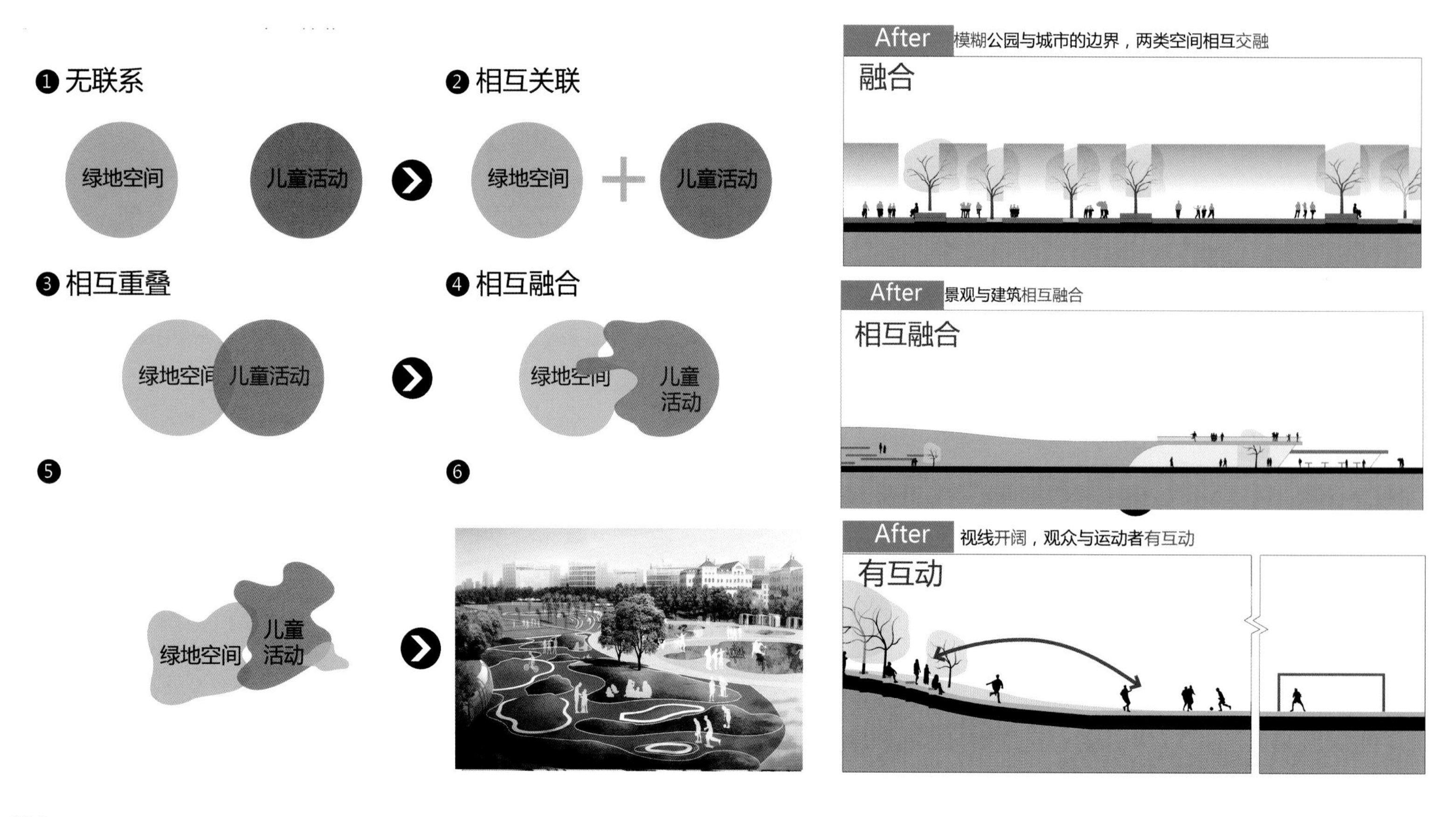

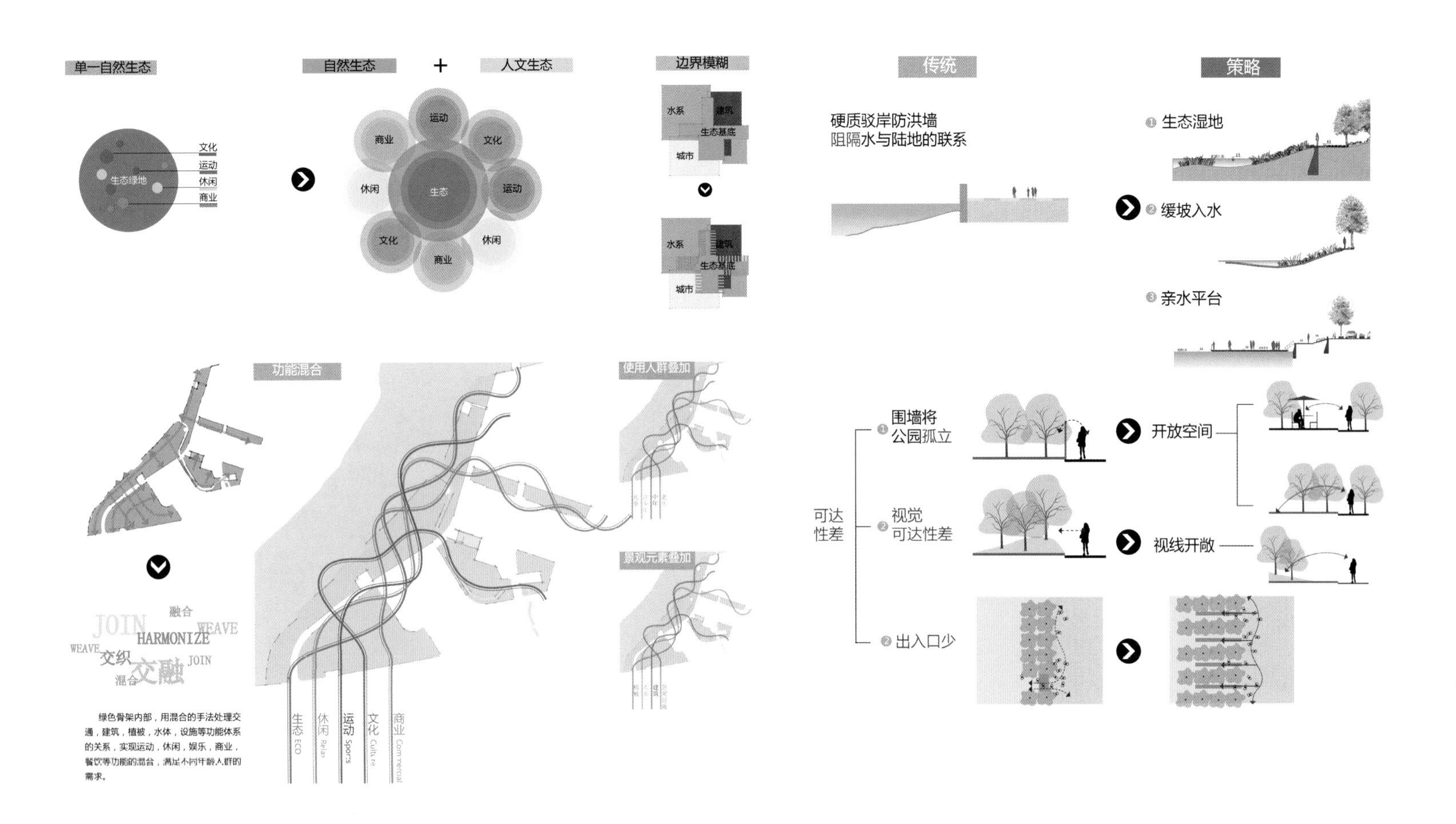

绿色骨架内部，用混合的手法处理交通，建筑，植被，水体，设施等功能体系的关系，实现运动，休闲，娱乐，商业，餐饮等功能的混合，满足不同年龄人群的需求。

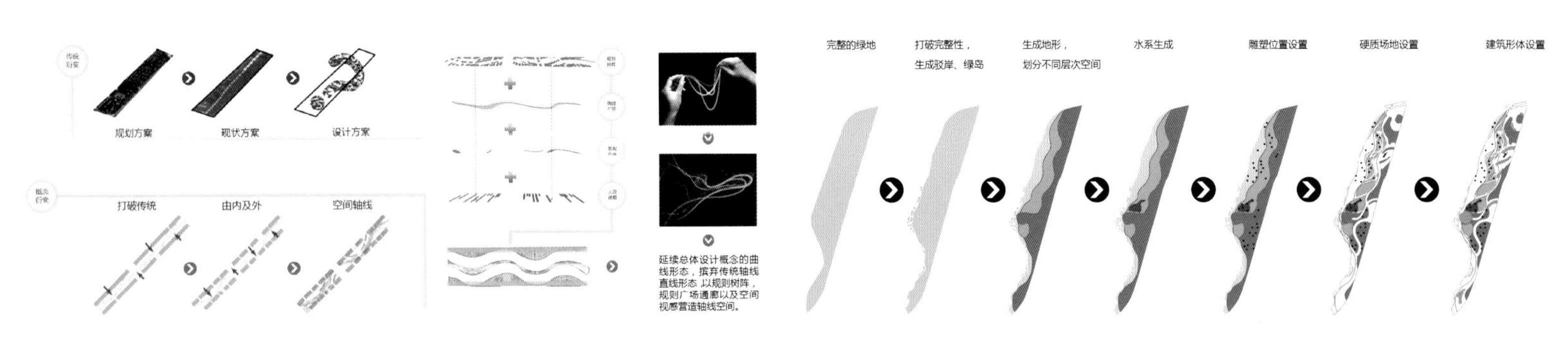

传统
衍变
规划方案
现状方案
设计方案
概念
衍变
打破传统
由内及外
空间轴线
延续总体设计概念的曲线形态，摈弃传统轴线直线形态,以规则树阵，规则广场通廊以及空间视感营造轴线空间。
完整的绿地
打破完整性，
生成驳岸、绿岛
生成地形，
划分不同层次空间
水系生成
雕塑位置设置
硬质场地设置
建筑形体设置

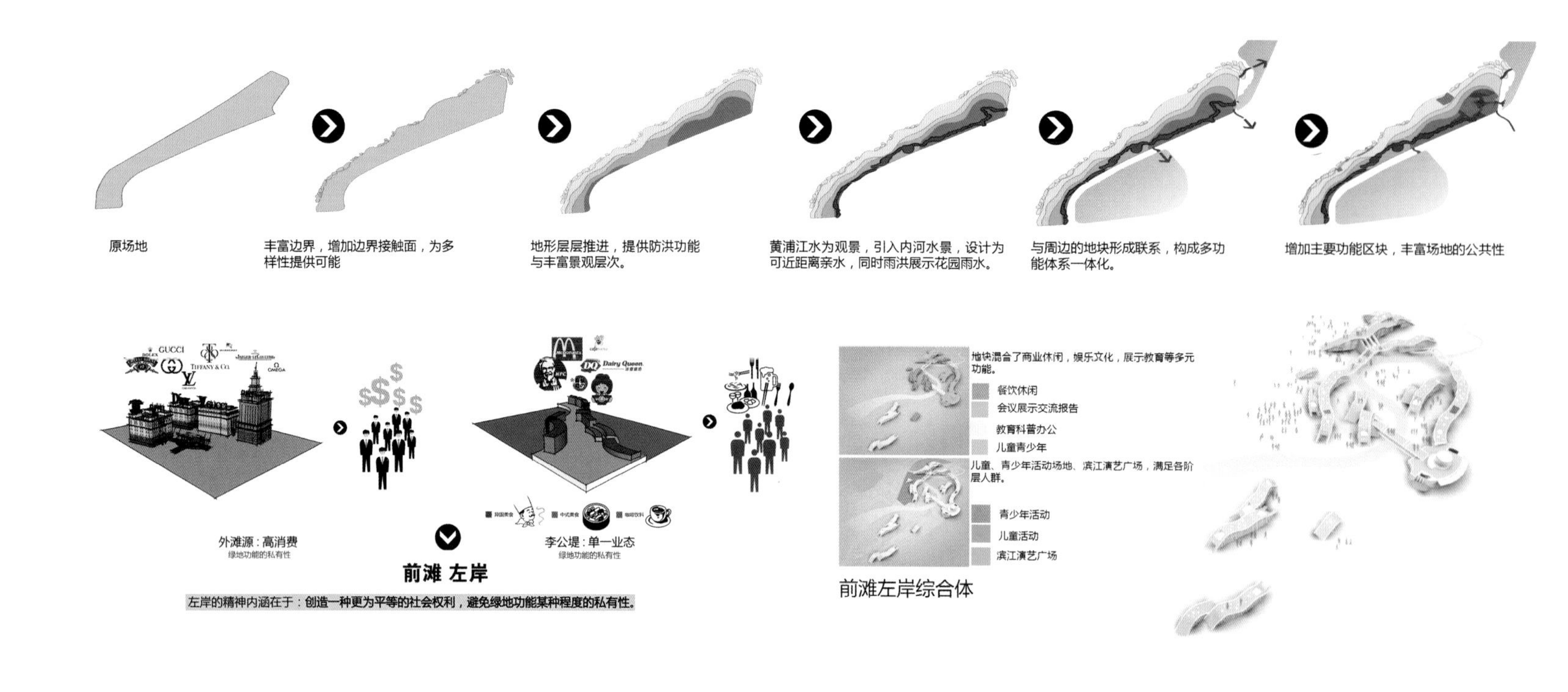

前滩左岸孕育而生：前滩左岸从人文角度体现其公共性是我们的愿望。摈弃上海的外滩源，新大地、苏州的李公堤单一餐饮功能和公共空间的私有化，通过：绿是基底，融入里弄格局，在叠合中营造院落、内庭、屋顶花园、雨洪展示花园等绿色空间，实现自然与人文生态的有机协调。

创造文化氛围培育场所，融入多业态、混合会议展览、教育办公、餐饮商业、演艺文化等多元功能。

通过各种活动场地、青少年活动中心、滨江演艺广场等，满足各层次人群需求，实现休闲融入自然。

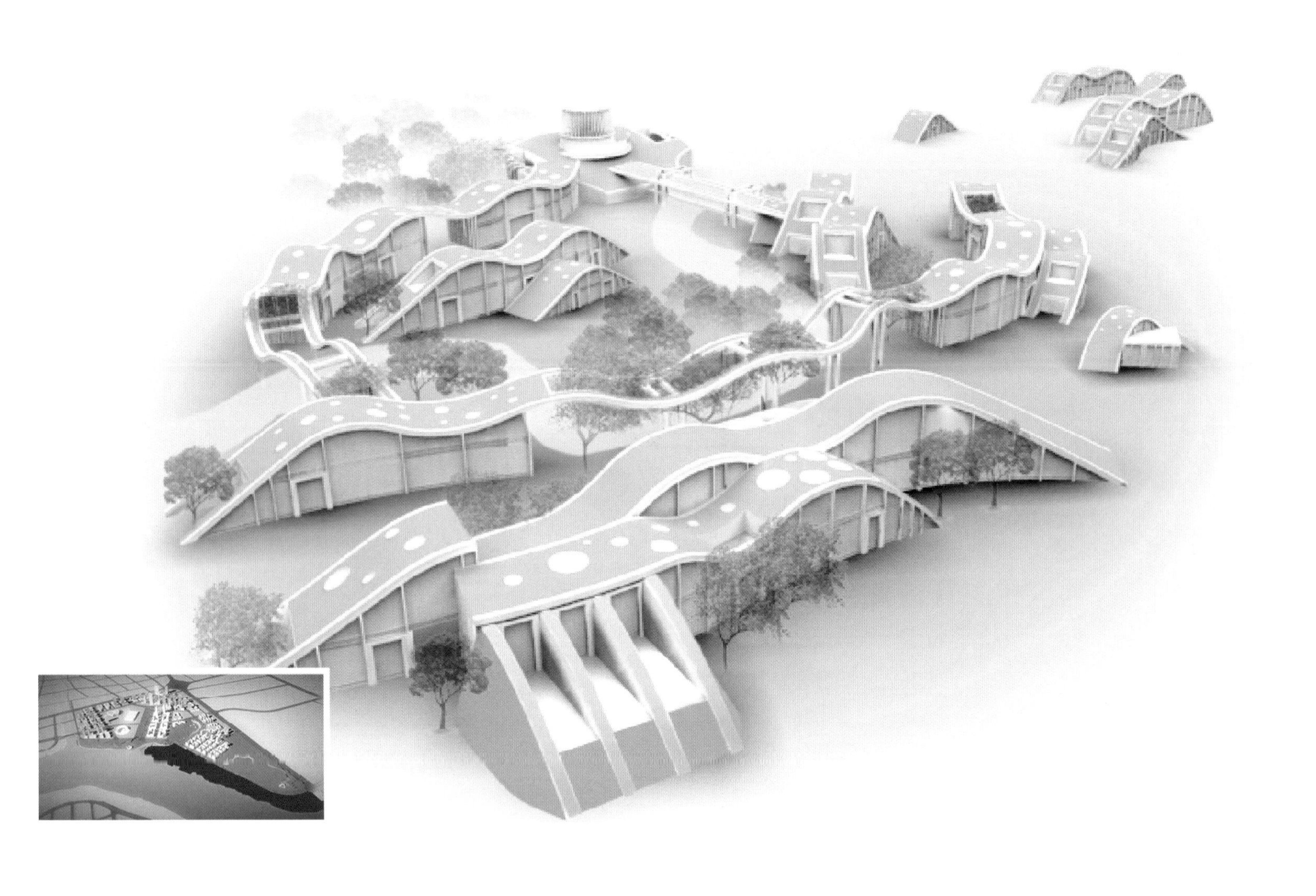

上海世纪公园国际花园区

设计单位：上海选泉建筑景观规划设计有限公司
业　　主：上海浦东土地控股（集团）有限公司
主持主创：林选泉团队
项目地点：中国上海市
项目面积：190 000 m^2
获奖情况：概念方案国际竞赛

从公园到城市公共开放空间

从公园到城市公共空间的转变在于绿是载体，在此基础上各种功能孕育而生。生态是基底，根本在于实现自然生态与人文生态和谐共生，自然与自然，人与人，自然与人没有距离。绿色共生城市生活，城市生活融入绿色。

区位条件

本项目位于上海市浦东新区世纪公园东南角，用地西北临张家浜河道，南靠花木路，东依芳甸路，是世纪公园内重要的区域，原定位为国际花园区，该区域总面积约19万平方米。

本区域现状北部为人工湿地，中部为足球运动场，南部为花卉与疏林景观区。整个区域与世纪公园其他区域以河道隔离，可作为公园独立开放的区域，区域东北角有泵站一座。

国际花园区功能更新定位

（1）婚庆服务主题化:将婚庆服务主题化，提供包括婚姻登记、户外婚纱摄影、宣誓礼堂、西式户外婚礼场、婚姻文化展示、婚庆用品展销和婚庆服务等。

（2）商业设施综合化：构设一个开放性的、多功能的集餐饮、文化展示、小型演艺、购物、娱乐于一体的商业综合服务区域，

（3）户外运动与景观融合化：整合现状足球场和网球场，提供登记、更衣、淋浴空间，并增添儿童游乐、宠物活动、野营、烧烤等场地。

（4）自然与文化的融合：湿地景观与高档会所相结合，互依互存。在国际庭院区融入异国园林区体验包括希腊园林、伊斯兰园林、法国园林、东南亚园林、日本园林。

N

滨水景观

基辅滨水区

设计单位：INDEX建筑事务所
项目地点：乌克兰基辅市
项目面积：50 000 m²
摄 影 师：劳拉·马蒂斯

澳大利亚INDEX建筑事务所入围“2012年欧洲基辅城市绿化项目”大赛最终候选名单。此次竞赛近日在基辅“2011年CANaction建筑节”上落下帷幕，就如何处理当今城市面临的潜在问题征求了意见，并为乌克兰和波兰联合主办的2012年欧洲杯足球赛提出了一些解决方案，希望这些解决方案在球赛前能够得以实现。

INDEX事务所的设计方案旨在努力将基辅市与其滨水区和第聂伯河重新连接起来。第聂伯河是乌克兰和其邻近地区主要的交通和贸易通道，这条河流在基辅市的发展中具有举足轻重的作用。如今基辅城市规划的主要特点是城市空间与第聂伯河在很大程度上相互分离，这一点可以从沿西岸建设的高速公路得到佐证。

该项目被命名为“消除边缘”。正如其名称所示，该项目努力打破并柔化城市与河流之间的屏障。沿河堤向下直到水边是一个由大量纪念碑、历史遗迹、公园和旅游景点组成的建筑网络。总体方案明确了整个地区的关键点为城市边缘与滨水地带之间的连接提供了机会。在这些连接工程的后期是一系列滨水活动区，如游泳场、滑冰场、夜间娱乐区、停车场和一座摩天轮。这些新的功能节点通过一辆翻新的游览电车和一辆新的水上巴士沿河流相互连接在一起。

作为该项目的一部分，INDEX事务所认真考虑了如何在波施托瓦广场上实施该项目，该广场位于基辅市北部，通过一条缆车线路与城市高处部分相互连接。该项目分为两个阶段：首先是为2012年欧锦赛对城市景观进行适当调整，其中包括在广场上建造一个碗状公共景观建筑滨水散步道以及零售商店、信息亭和公共卫生间等小型设施；2012年之后将对该广场进行重新配置，包括一座横跨纳贝泽纳公路的过街天桥，将广场与下方的河流连接起来，并且提供一系列新的精品零售店、酒吧、餐厅和一座可以俯瞰第聂伯河的游客观光台。

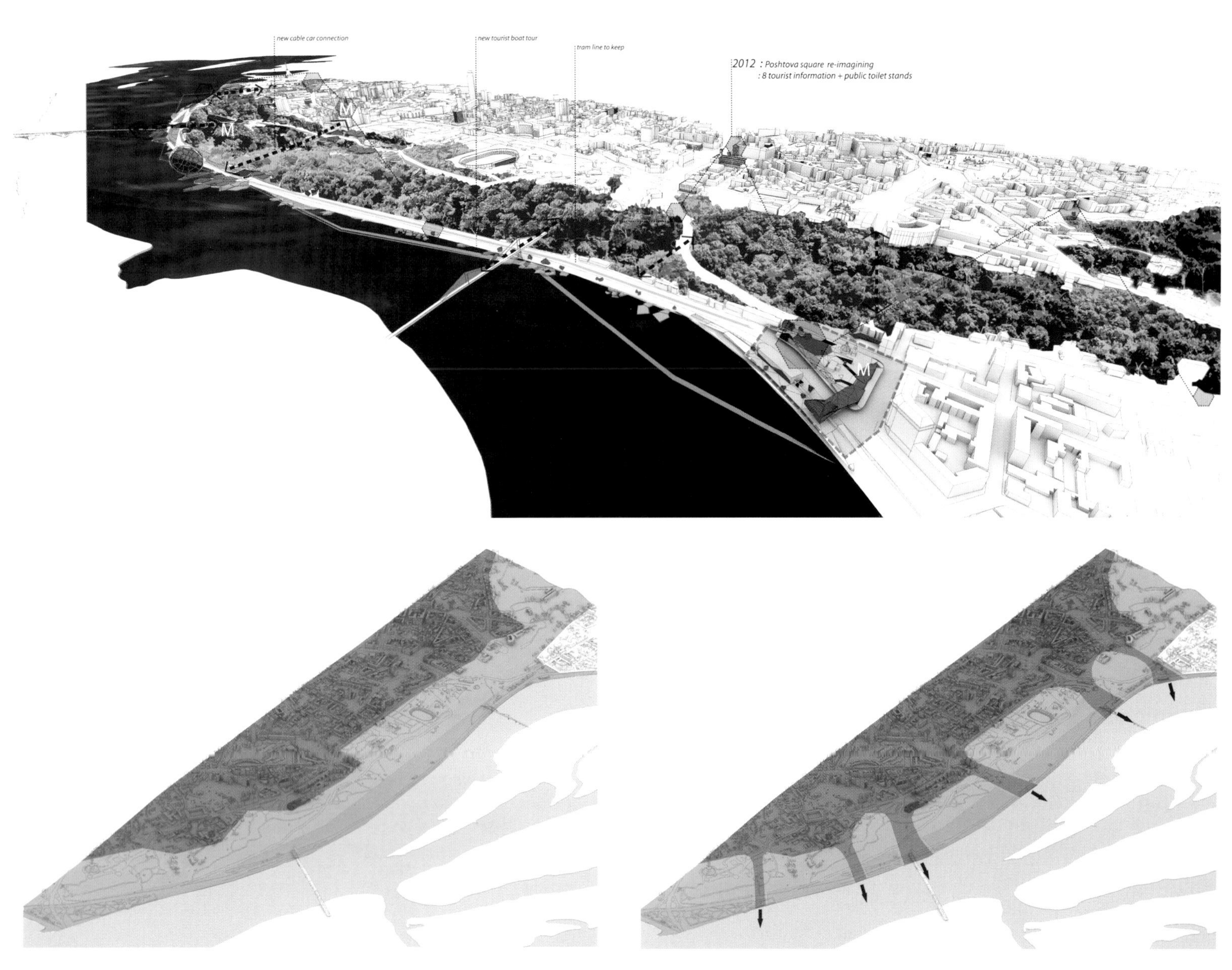
new cable car connection
new tourist boat tour
tram line to keep
2012 : Poshtova square re-imagining
: 8 tourist information + public toilet stands
M
M
M

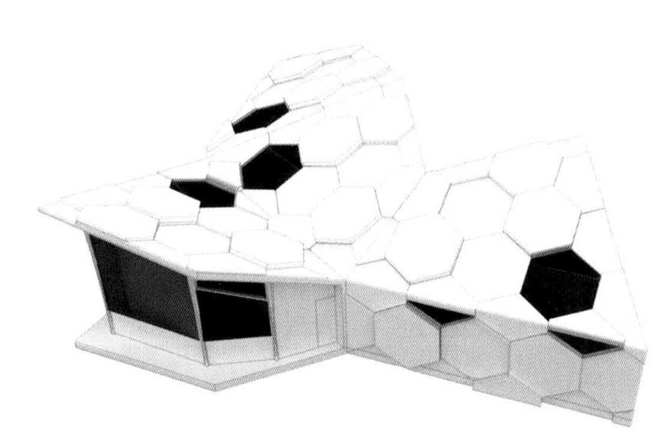

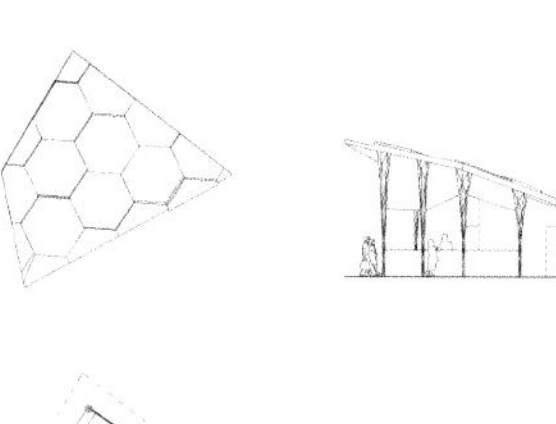
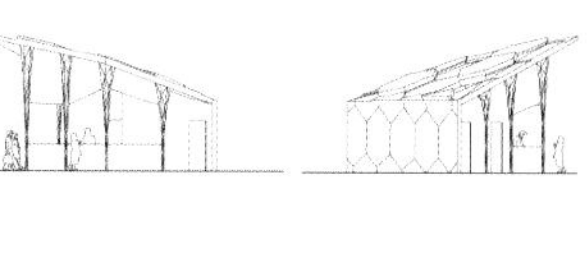

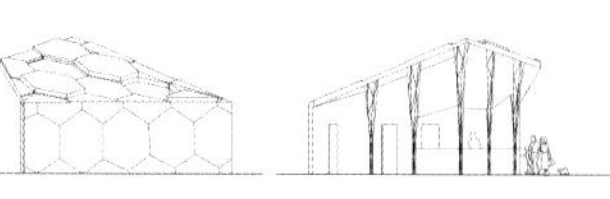
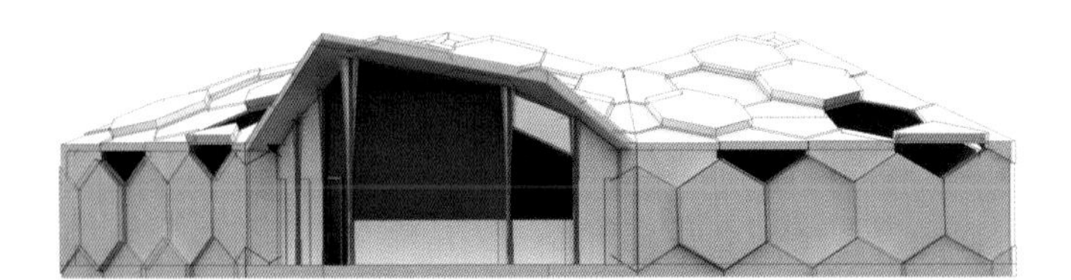

西区步行桥

设计单位：拉达尔曼建筑师事务所
项目地点：美国宾夕法尼亚州匹兹堡市
项目面积：1 800 m²

西区步行桥竞赛的目的是为一个补充结构征集设计方案，用于改善大桥两端人流交通状况，提供一种运动休闲方式，同时展现城市活力，再次重现匹茨堡机动车交通设施改造成为步行设施的经典案例。这个步行桥最终被设计成一个悬挂在拱形结构下方的编织结构，由多条线状结构沿水平和垂直方向交织而成，巧妙地利用了现有条件：（1）一条绰号为“跑道”的快速通道，可进行动感十足的运动，如跑步、骑自行车和轮滑；（2）一条被称做“平台”的慢速通道，可供人们憩坐、驻足或远眺。（3）多条被称做“分支”的连接通道可从各个方向进入，将桥梁与周围各条通道和不同高度相互连接，并且不需设置楼梯和电梯机房。桥梁与被设计成艺术公园的开放空间相连，开放空间内拥有各种功能区域和本地植被。

通过对西区大桥的分析，我们根据截面的具体情况制定了多种结构策略，成功实现了桥梁的交织形式，有效解决了横跨俄亥俄河时复杂多变的支撑问题。在主跨部分，波浪形的桥板由造型简洁的斜拉索悬挂支撑，这些拉索直接通过增加的或加强的主钢索悬挂在拱形结构上。钢索由各种二级结构构件（受扭构件和提升杆）进行固定，以保证大桥的稳定性，并且将现有桥板受到的冲击减至最小，同时也使相互交织在一起的通道实现理想的形状，使行人能够充分体验河流上下游的优美景色。在每个主跨的两端，步行大桥由深梁和混凝土桥墩支撑，使行人可以在平台之间自由穿梭，从而获得对河流、桥梁、河水和平台的全面体验。

5
6
4
3
2
1

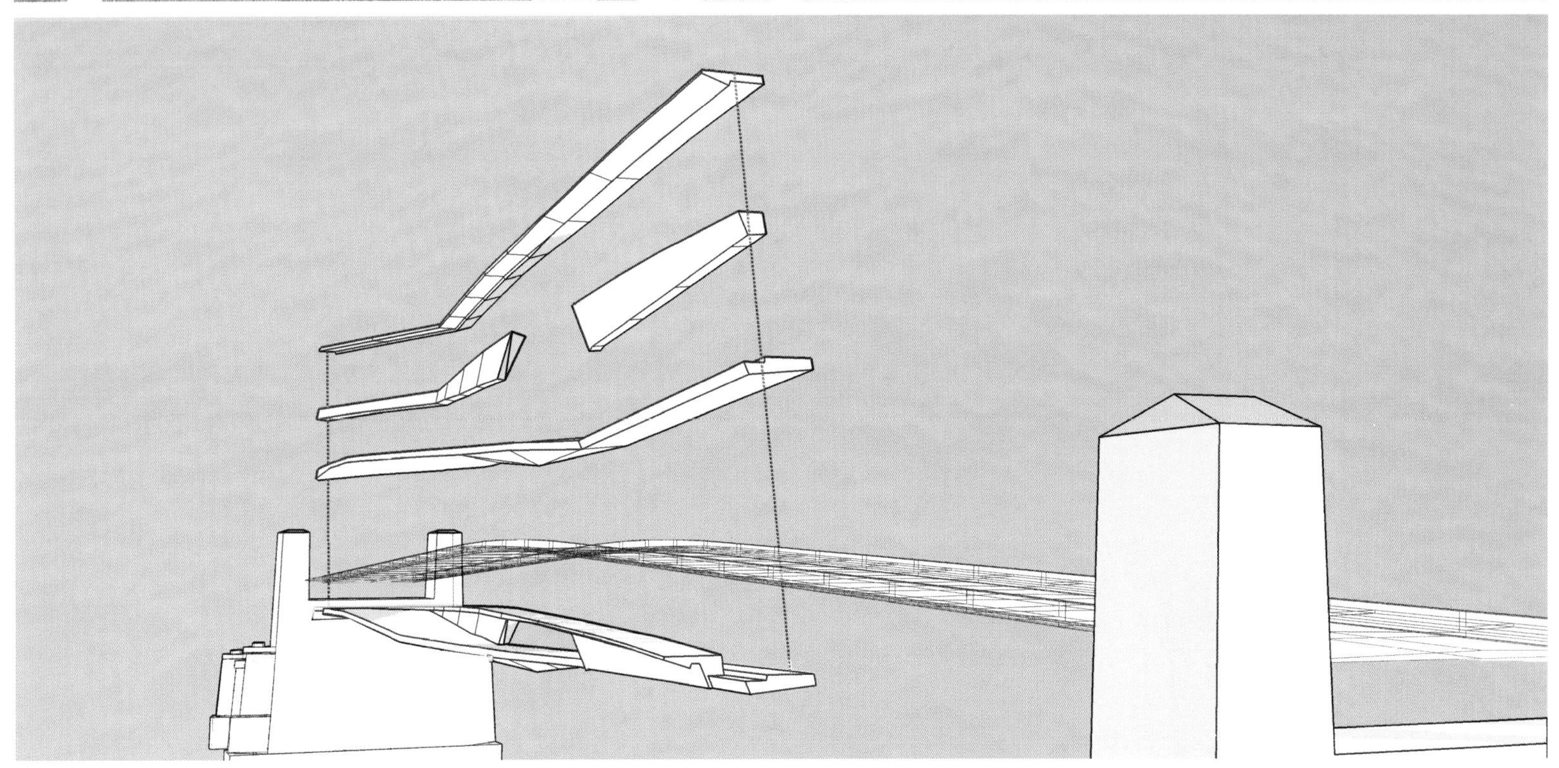

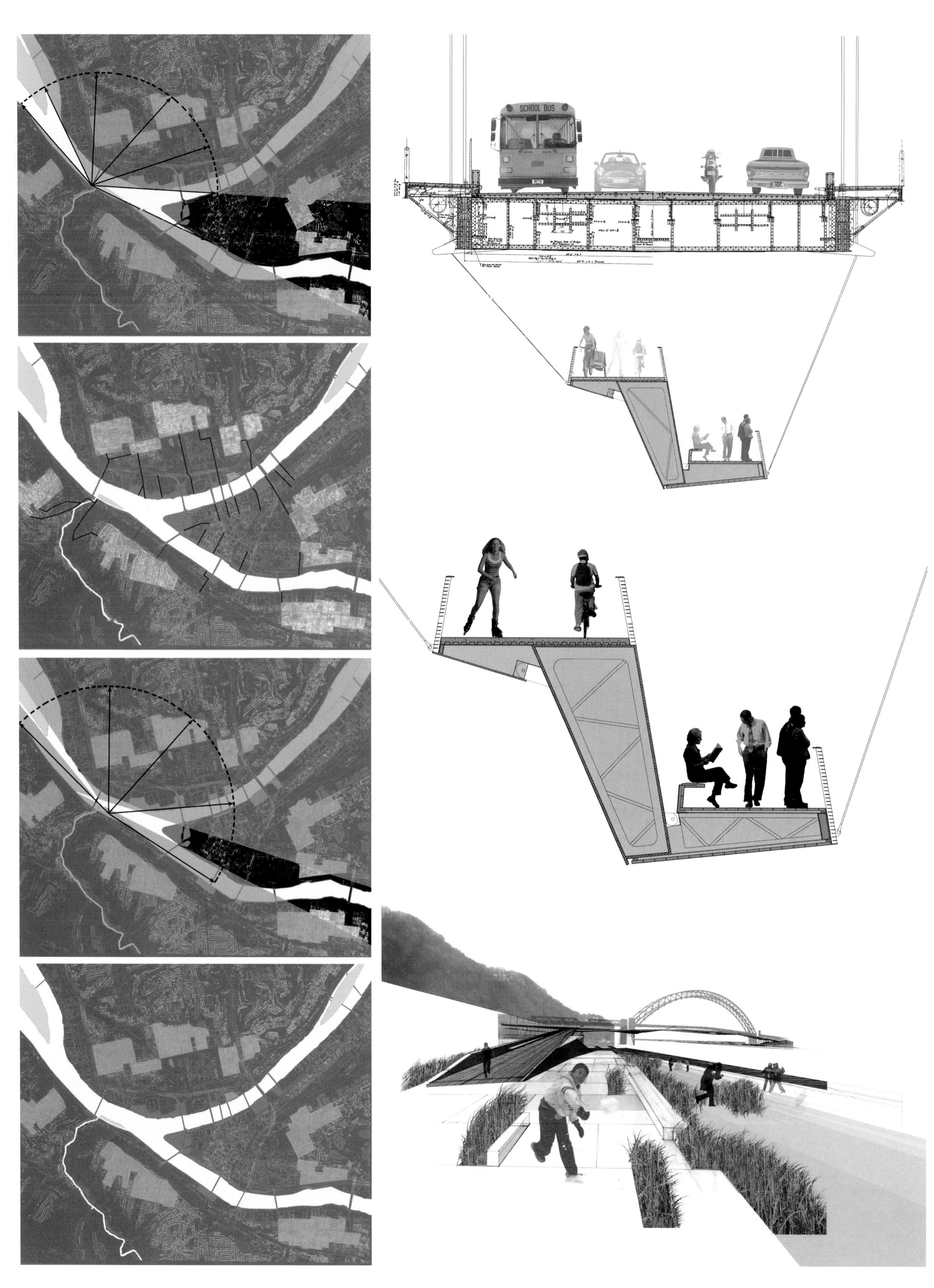
SCHOOL BUS

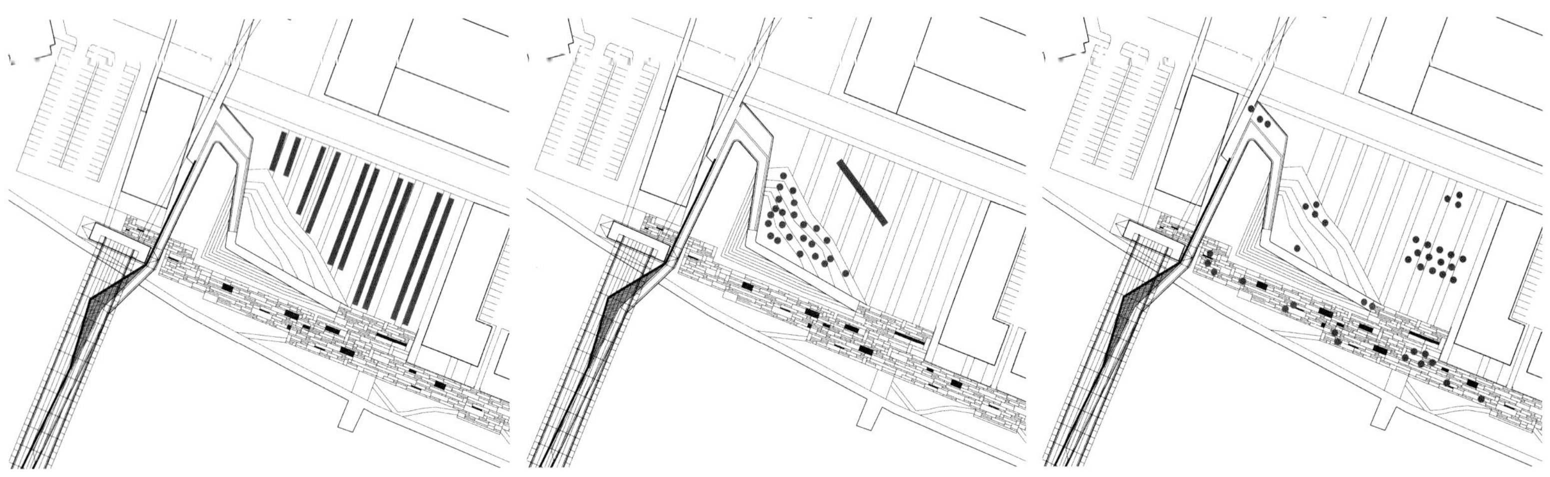

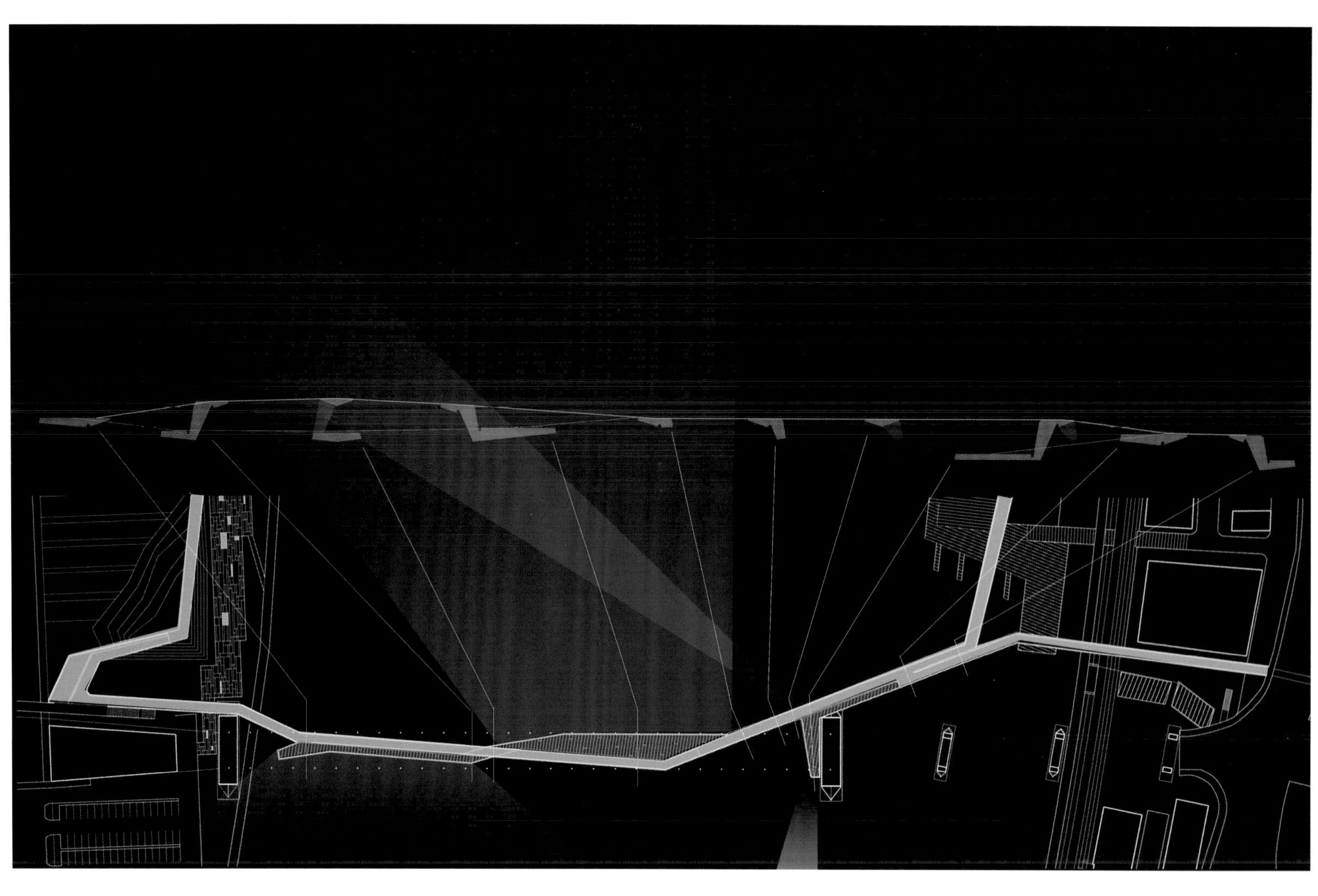

威明顿滨水公园

设计单位：萨萨基联合建筑师事务所
项目地点：美国加利福尼亚州洛杉矶威明顿社区
项目面积：121 405.69 m²
摄 影 师：克莱格·库纳尔、布鲁斯·达蒙特

威明顿滨水公园是威明顿滨水项目的一期工程，占地121 405.69平方米，1.6千米长。公园穿越从菲格罗亚街到拉古恩大街九个街区，连接居民区、炼油厂、轻工业区、海港高速路和新建的洛杉矶港。该项目是正在进行的威明顿滨水开发项目中公共设施改善和扩大贸易的一部分，威明顿滨水公园旨在将昔日的棕色工业地带重新恢复为露天公共休闲空间，消除有害的废物、废气和噪音等环境污染以及来自邻近街道的交通危险该地段从1998年就开始了初步治理，但是由于这些街区都远远落后于其他街区，8年时间内一直闲置未被开发，为附近社区留下了一片荒地，后来被纳入港口扩建范围。在这段时期内，这片大面积荒地内滋生了大量犯罪，成为有害材料的非法仓库，让整个社区忧心不已，也使社区决心给港口施加压力，将这片区域改造成为公园。2004年，洛杉矶港组建了港口社区咨询委员会（PCAC）威明顿滨水区分委会，任务就是将这片滨水区域改造成为公众休闲娱乐空间。

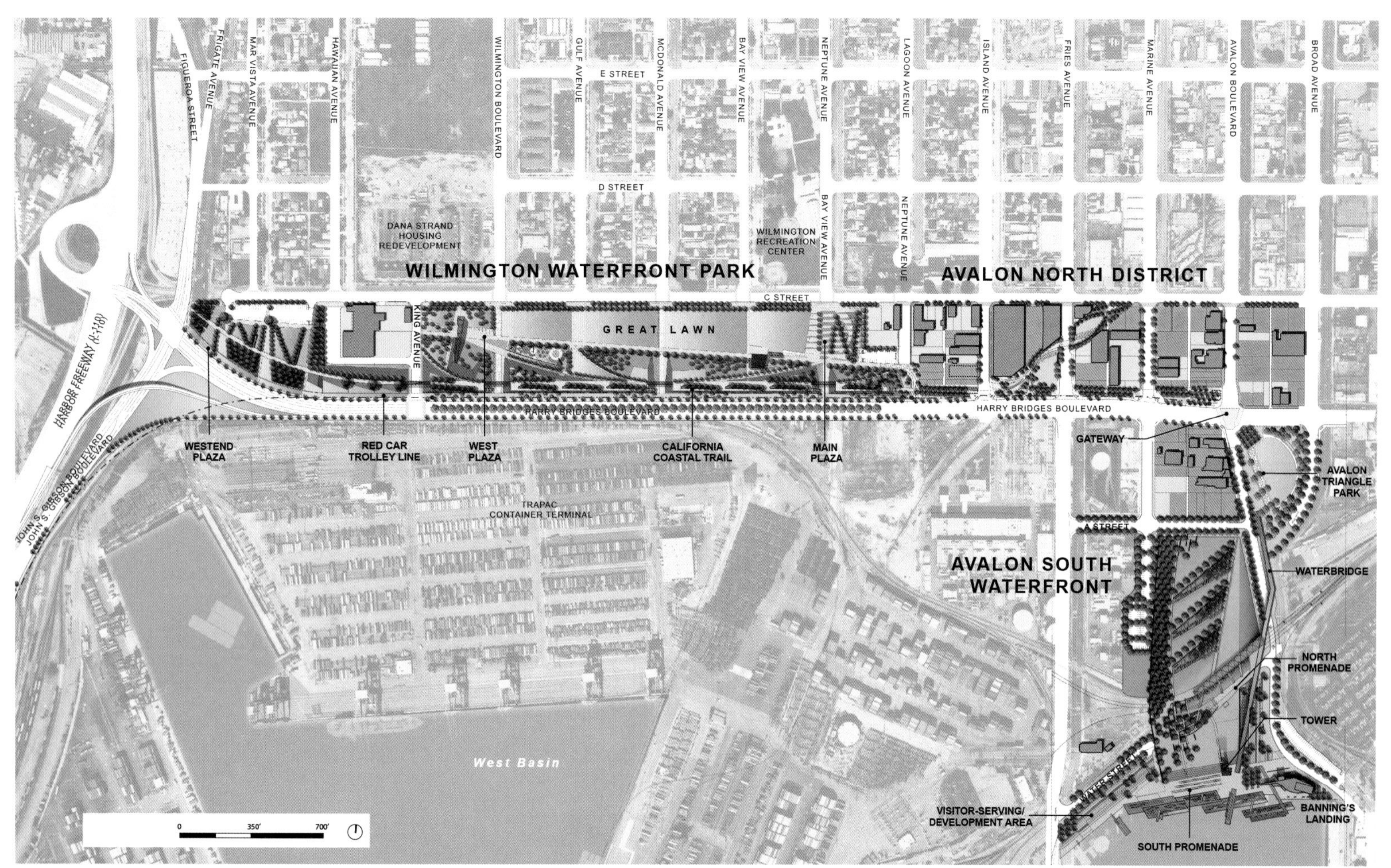

FRIGATE AVENUE
FIGUEROA STREET
MAR VISTA AVENUE
HAWAIIAN AVENUE
WILMINGTON BOULEVARD
GULF AVENUE
E STREET
MCDONALD AVENUE
BAY VIEW AVENUE
NEPTUNE AVENUE
LAGOON AVENUE
ISLAND AVENUE
FRIES AVENUE
MARINE AVENUE
AVALON BOULEVARD
BROAD AVENUE
D STREET
DANA STRAND HOUSING REDEVELOPMENT
WILMINGTON RECREATION CENTER
WILMINGTON WATERFRONT PARK
AVALON NORTH DISTRICT
C STREET
GREAT LAWN
KING AVENUE
HARBOR FREEWAY (I-110)
HARRY BRIDGES BOULEVARD
JOHN S. GIBSON BOULEVARD
WESTEND PLAZA
RED CAR TROLLEY LINE
WEST PLAZA
CALIFORNIA COASTAL TRAIL
MAIN PLAZA
GATEWAY
AVALON TRIANGLE PARK
TRAPAC CONTAINER TERMINAL
A STREET
AVALON SOUTH WATERFRONT
WATERBRIDGE
NORTH PROMENADE
TOWER
West Basin
WATER STREET
VISITOR-SERVING/ DEVELOPMENT AREA
BANNING'S LANDING
SOUTH PROMENADE
0 350' 700'

维斯杜拉河滨水区

设计单位：OPEN architekci sp. z o.o.
项目地点：波兰华沙市
项目地点：140 000 m²

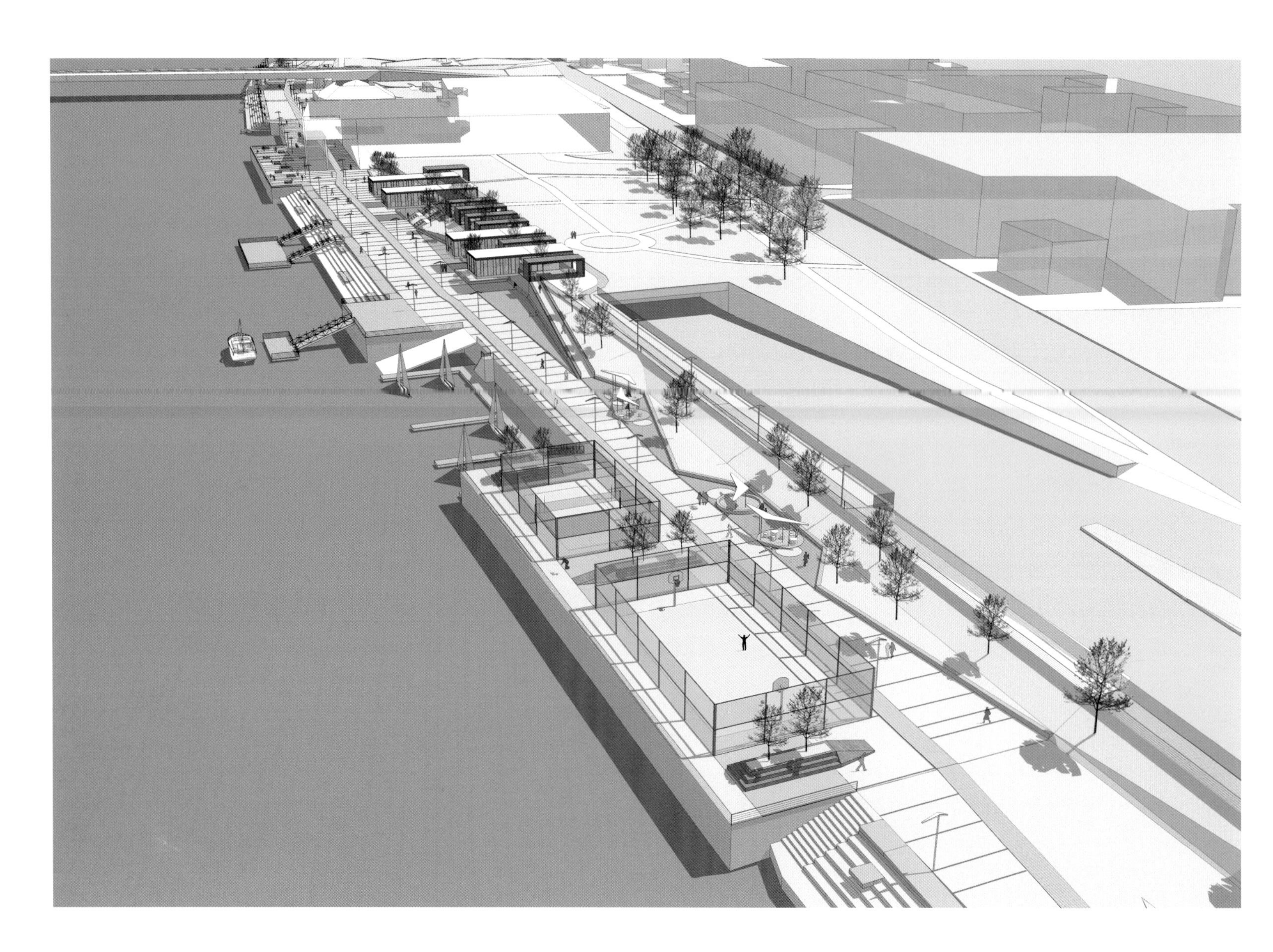

与许多其他欧洲国家首都城市一样，华沙市的城市结构一直在沿着河岸进行开发。维斯杜拉河是波兰最大的河流，从南向北流经整个波兰，横穿华沙市并将其一分为二。仅就地理位置和经济重要性而言，这条河流一直在这座城市中起着重要的作用。在过去几十年间，这条河流一直是人们关注的焦点，华沙当局、城市规划机构和建筑师们开始研究如何开发维斯杜拉河滨水区所具有的巨大潜力，从而有效改善城市生活质量。

由于城市内一条主要机动车道沿河流左岸进行修建，如何将滨水区和城市其他区域联系起来成为摆在人们面前的一项重大挑战。自20世纪70年代以来（机动车道开始兴起），为数不多的几条车道上车辆交通繁忙，形成了一条在功能和视觉上不可逾越的障碍物，也中断了城市与河流之间的交流。滨水区的这种隔离状态使这片地区的环境情况日益恶化。

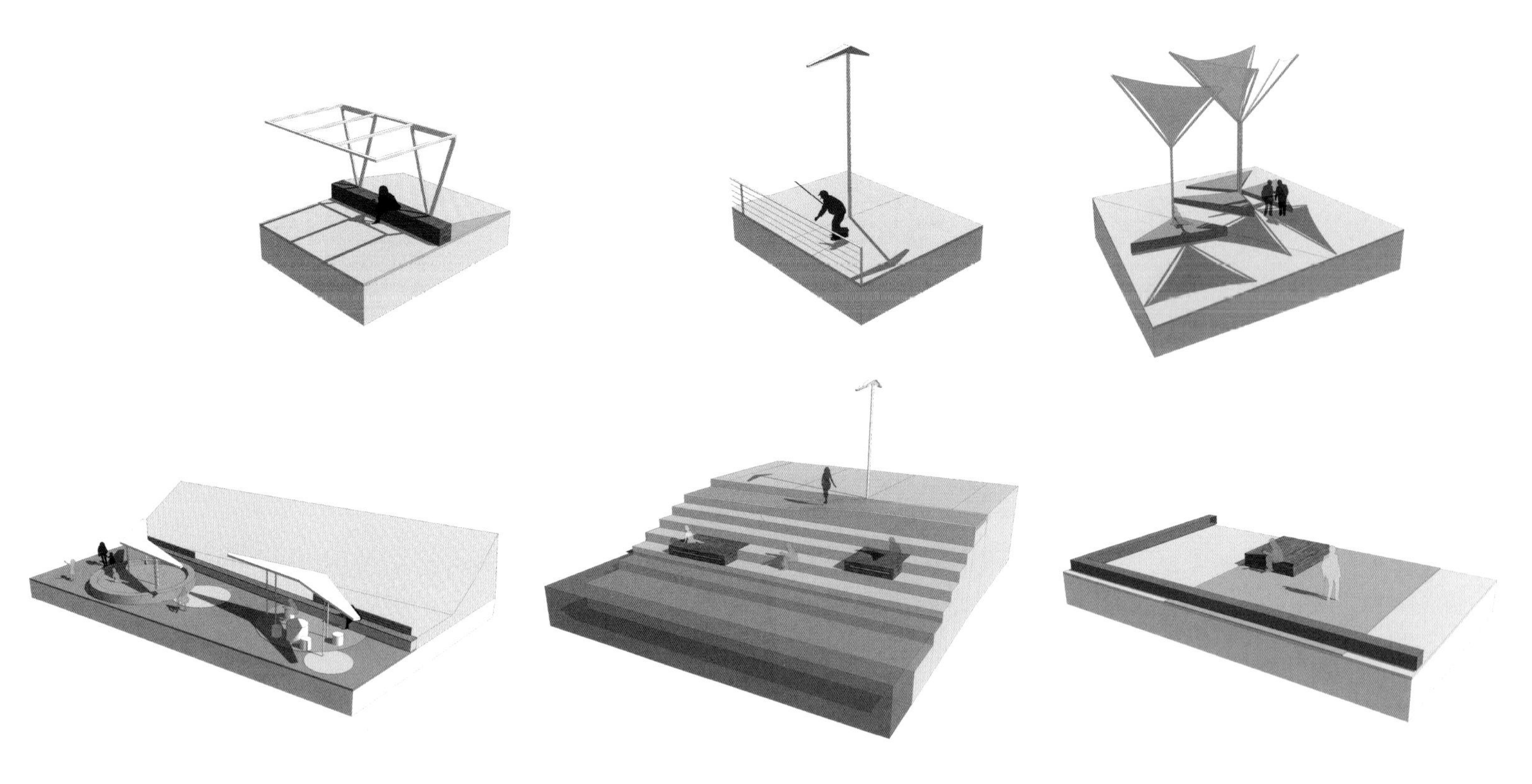

南森公园

设计单位：布约尔贝克与林德海姆景观建筑师事务所
设 计 师：Svein Erik Bergem, Simen Gylseth. Knut H Wiik, Elin Liavik,
Line Lovstad Nordbye, Hovard Strom, Rune Vik, Christer Ohlsson
项目地点：挪威奥斯陆福尼布
用地面积：200 000 m²
摄 影 师：Andreas Overland, Bjorbekk &Lindheim AS

以前的状况

20世纪40年代到60年代，一片古老而美丽的耕地景观被奥斯陆国际机场所代替。1998年，该机场迁至别处，在奥斯陆海湾留下了一个大约40万平方米的半岛需要改造。

改造目标

奥斯陆国际机场的迁移在福尼布地区留下了国内面积最大的工业治理项目。新公园项目计划在距离奥斯陆市中心大约10千米的地方建造一个功能中心和一个新的大规模社区。

项目描述

为了符合该地区戏剧性的历史发展过程，该公园项目的设计方案在机场硬朗的直线线条和原景观元素较柔和的有机形式之间形成了一种动态对话。旧机场航站楼和指挥塔作为沿南北向贯穿整个公园的水景起点。这条水景的设计表现了直线和有机两个特点之间的有趣变化，也象征着湖面、溪流或瀑布。

广场是一个多功能区域，采用大型石板铺筑而成。广场上动态的水元素吸引着儿童来前来嬉水。一座巨大的圆形区域为各种表演提供了活动场所，没有演出时人们也可在此安静地沉思。

七只绿色的“手臂”宽度从30米到100米不等，为人们提供了聚会场所和活动区域，使人们能够享受惬意的绿色环境。

Norske
Skog
N

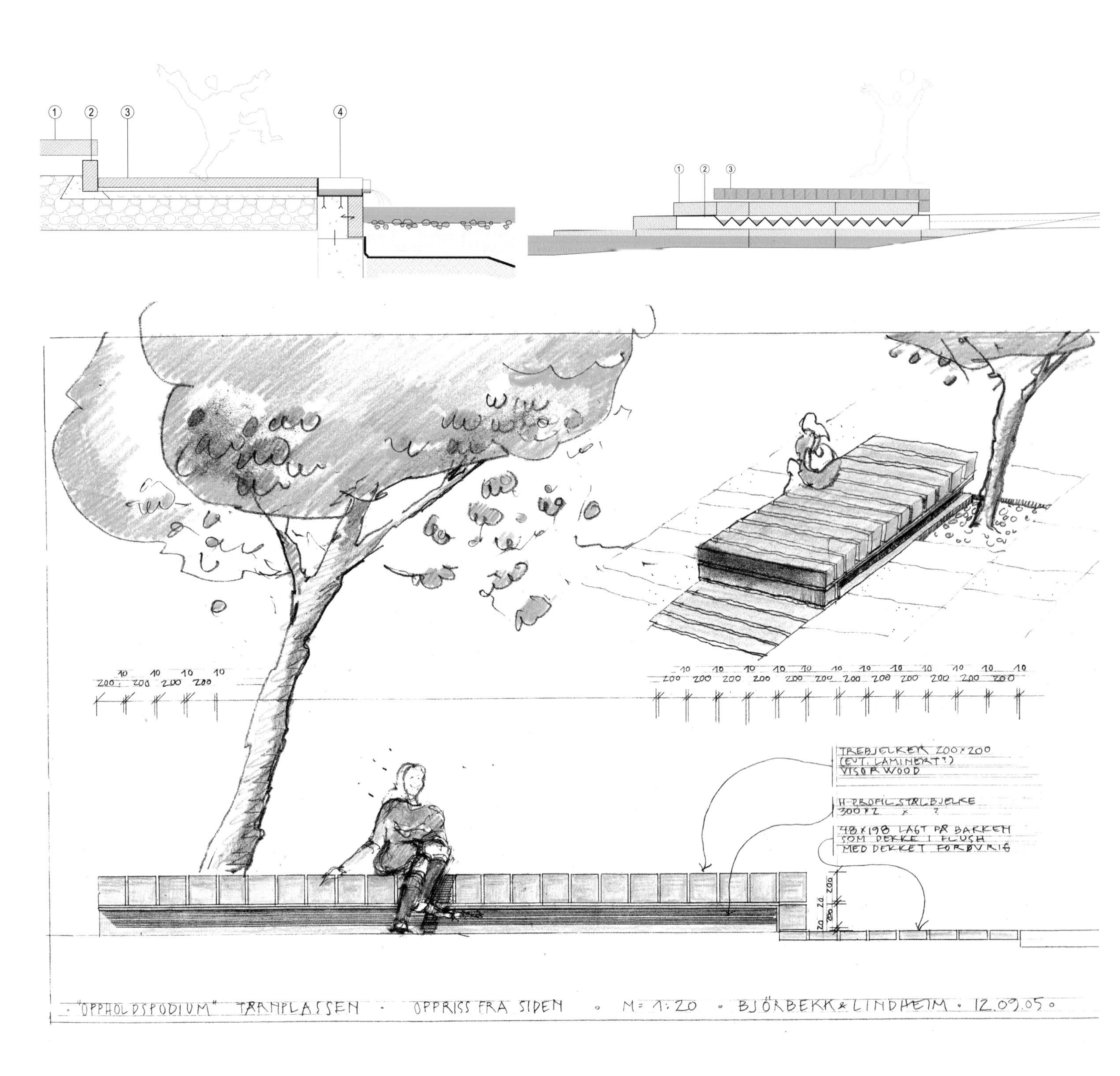
TREBJELKER 200×200
(EVT. LAMINERT?)
VISORWOOD
H-PROFIL STÅLBJELKE
48×198 LAGT PÅ BAKKEN
SOM DEKKE I FLUSH
MED DEKKET FORØVRIG
·"OPPHOLDSPODIUM" TÅRNPLASSEN · OPPRISS FRA SIDEN · M=1:20 · BJÖRBEKK&LINDHEIM · 12.09.05·

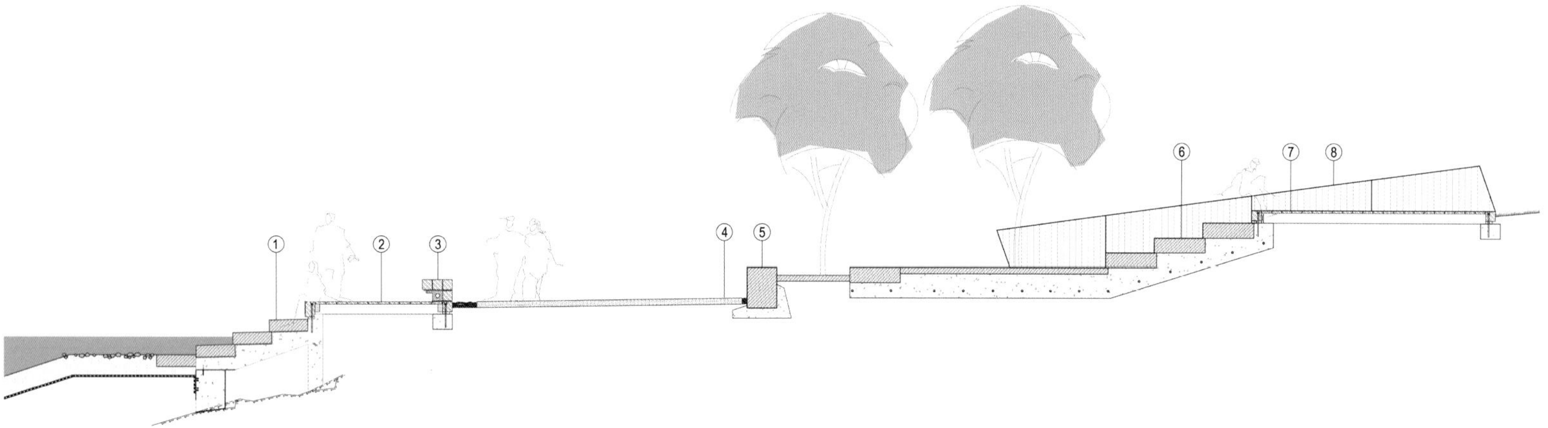

1
2
3
4
5
6
7
8

KAPPEL溪恢复自然风貌工程

设计单位：德国雷瓦德景观建筑事务所
业　　主：开姆尼茨市政局，绿化局
项目地点：德国开姆尼茨市
项目面积：25 000 m^2
设计时间：2011

在“Kappel溪绿色通廊”设计思路的基础上，Kappel溪恢复自然风貌工程分若干建设阶段完工。在建设中，将会塑造一条宽广的溪床。一道新建的河岸确保了Ulmen街桥与近自然的人工斜坡之间的顺利过渡。护坡的修筑物将会尽可能减到最少，提供足够的空位给一些自然的动态进程，如砾石的自然沉积、生态演替。特别修建的缓冲带种有适合当地条件的较高的多年生草本植物，岸坡上则种有适合在岸边生长的典型灌木和乔木。

小溪沿岸将会铺设一条人行及自行车道，还有一条步径。而拆卸时形成的材料经过筛选后被分装在塑成长方体的金属笼中，构造出纵向的肌理。这样既减少了建筑垃圾，节约了建筑成本，而且这些岸边座椅更加强调了绿化空间设计的全面性。

ca. 12.000 qm

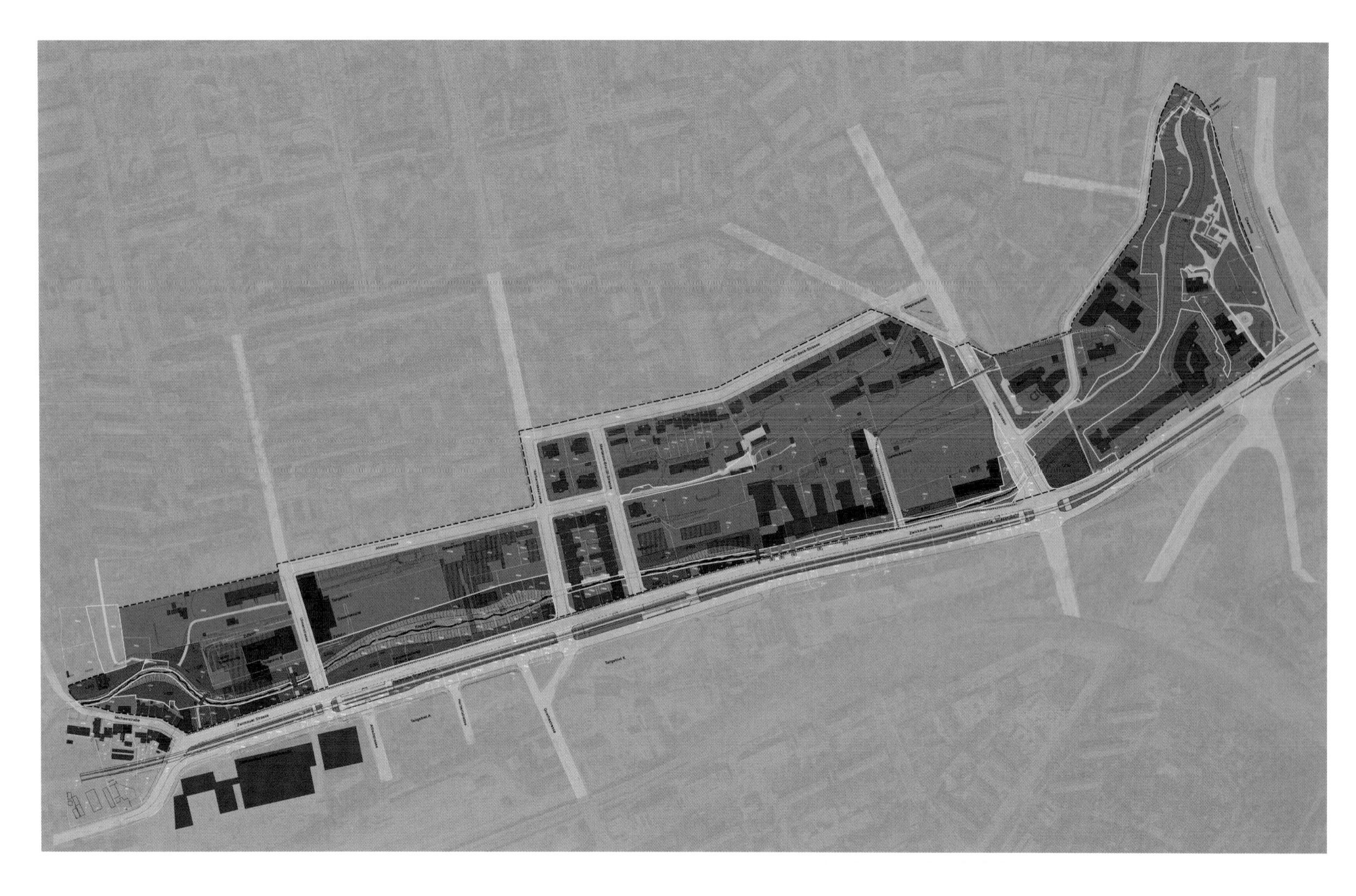

299.00
Gewerbezone
BHQ +1.62
MW +0.29
1:3
1:5
1:5
2.00
6.00
9.00
22.00
Kappelbachweg
4.00
1) Integration der 3.Fahrspur in Grünzug und strassenbegleitender Radweg
Zwickauer Straße
1
2
3
2) Reduzierung Straßenquerschnitt auf 2 Spuren
3) Option Spurverlagerung der 3. Fahrspur in Bereich Mittelstreifen

深圳南澳月亮湾海岸带景观改造方案深化设计

设计单位：奥雅设计集团
业　　主：深圳市规划局滨海分局
项目地点：中国广东省深圳市
项目面积：1 228.38 m²

此区域位于南澳月亮湾海岸景观带游港海湾片区，设计范围为三条视线通廊及现有渔港搬迁区，总陆地改造面积为：1 228.38平方米，总建筑改造面积为：8 242平方米，海域改造面积为2 1665.12平方米。游港海湾区根据上层次方案设计，其区域主要以旅游及生活休闲为中心，根据区位总体概念定位功能将以商业为主要特色功能性区域。

深圳市南澳月亮湾广场景观设计改造工程涉及社会、经济、文化和环境等多方面内容，比较复杂。因此，需要秉承正确的设计理念价值观。经过以上的分析，奥雅认为以下三点是最为重要的。

（1）区域整体观。

南澳月亮湾海岸带景观改造工程的用地长为3.6公里，但总面积仅为14.2公顷。如果仅是局限于当前的红线范围，无法有效地解决项目目前的困境。因此，我们需要从区域层面上理顺场地内外的关系。

（2）人文风土观。

人文风土是一个地方的场所精神的外在体现。南澳月亮湾海岸带景观作为南澳墟镇的外在形象以及主要的公共活动空间，需要充分展示南澳墟镇的独特与深厚的文化传承。

（3）生态优化观。

滨水带作为大海与陆地的联系，在为人们提供高品质的风景资源的同时，也割断了完整的生态系统，在保证一定的人类活动空间的基础上修复生态系统，是保证地方全面可持续发展的必要条件之一。

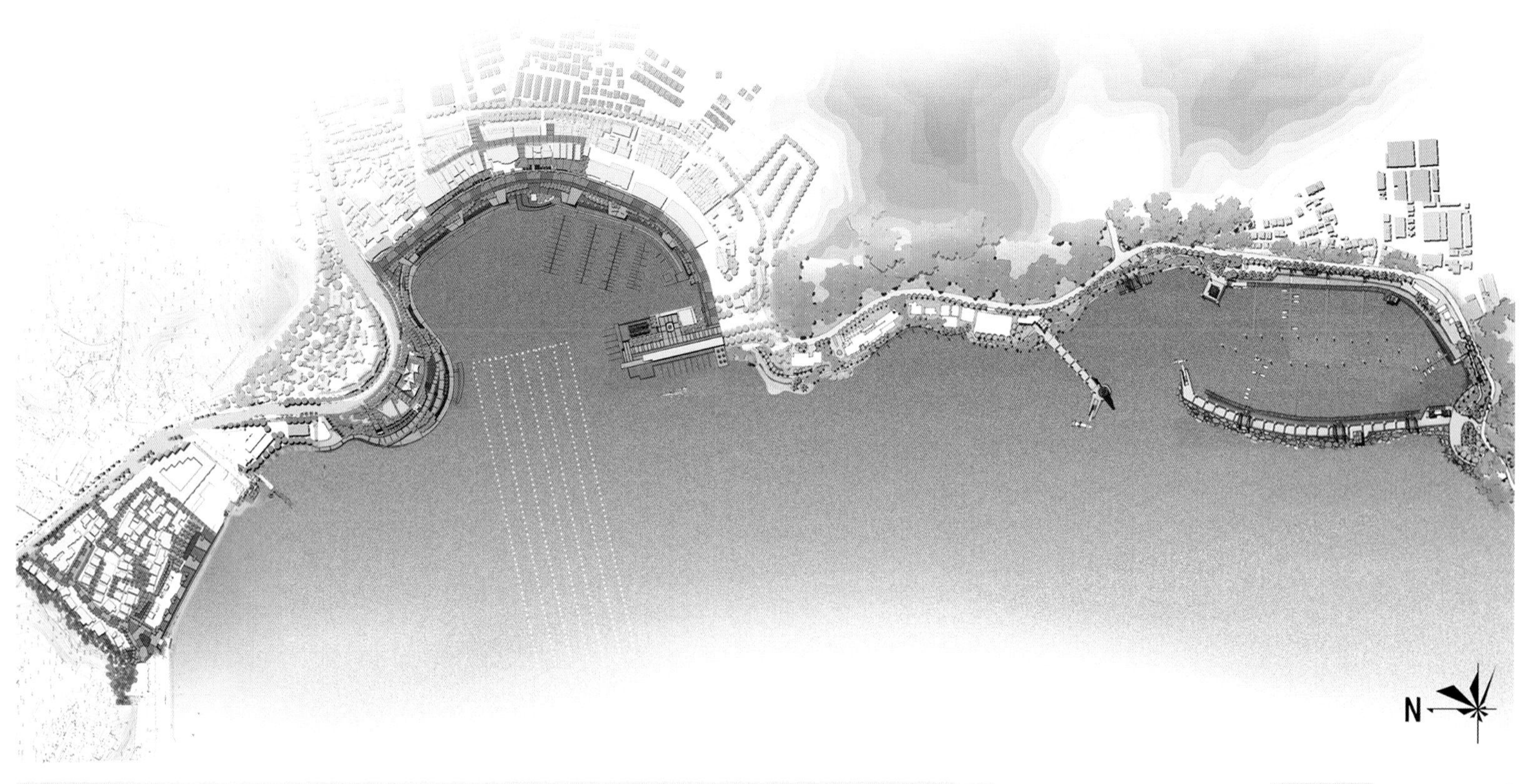
N

天安——番禺节能科技园

设计单位：深圳市赛瑞景观工程设计有限公司
业　　主：广州市番禺节能科技园发展有限公司
设 计 师：周建安 LITO 黄易盛 付岩
项目地点：中国广东省广州市番禺
项目面积：500 000 m²

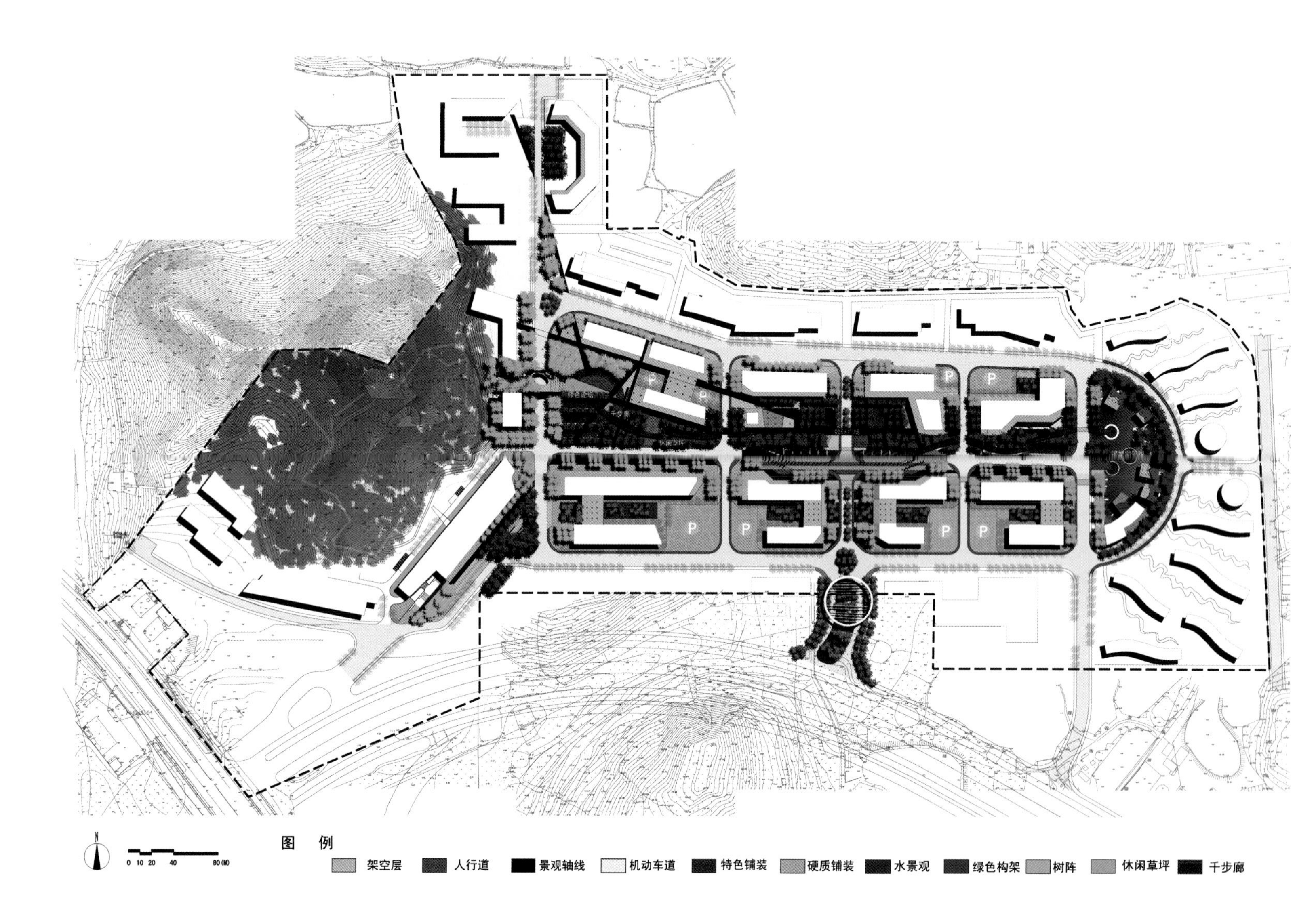

2005年我们以“步行天堂”的理念，赢得了“天安——番禺节能科技园总体景观概念”的设计竞赛，并获得业主的设计委托。我们认为,番禺节能科技园作为国家示范科技园，理应在更深层面上呈现出新时代科技园的旗帜姿态,景观的营造不仅仅在自身的塑造，同时也应当融入于周边环境当中，与建筑相互融合，相互陪衬。我们依附于控制规划的骨架，以大景观格局，通过景观廊道，轴线的方式，将空间进行有序地串接，形成一个具有时代特色,自然舒适的现代科技园区景观环境.

在这里，由大乔木构成的从山到湖的绿色廊道，使广场与街道融为一体，并将一座座不同时期营造的高科技特色建筑串联起来，形成庞大的步行者天堂。在成片的树林下活跃着富于生活休闲趣味的空间场所，穿越建筑首层的景观走廊将不同方位而至的人流，轻松地引导到目的地，我们将人性生活，生态节能，资讯共享融入景观设计中，拒绝冷漠的工业特征，最终呈现出自然舒适，人性化的现代办公环境，形成一种全新的办公环境模式。

已完成的一到四期，建筑紧靠山体，山体丰富的植被绿化成为山体公园的有力支持，同时也成为一至四期组团的设计主题—绿色论坛。丰富浓郁的绿化背景下，欢快简洁的水景，舒适的绿色空间表达了这一构思，通向山的轴线与廊道，借来了山的自然，使得园区景观有了更广阔的遐想。

PLAZA

湘江大道南段滨江风光带景观规划设计

设计单位：深圳市赛瑞景观工程设计有限公司
业　　主：长沙市政府
项目地点：中国湖南省长沙市
长　　度：3 800 m

设计原则

（1）关注自然景观——修改方案更加注重自然地理景观的保护，对于道路东边的自然山体，在保证安全的前提下尽可能少做人工改造，如果因安全缘故需要设置挡墙，也尽可能采用自然材料(如石材)采用干砌法砌筑，力争使人工挡墙与周边的自然融合在一起。

（2）关注地域文化——强化地域城市与铁路文化挖掘，恢复城市历史记忆元素。

（3）关注特色营造——从构思思路、设计方法和景观要素的选择方面体现修改方案对特色营造的重视。

（4）关注风格协调——本方案将整个湘江风光带作为一个整体，关注本区域景观要素风格、形式和功能方面与其他区域景观的协调。

（5）关注城市功能——道路与沿江风光带的特点决定了景观必须与城市功能融合在一起。修改方案从城市区域总体规划的角度考虑风光带的各种景观空间形式和功能的设计。

（6）关注市民休闲——修改方案从景观空间布局、细部材料选择、安全防护措施和景观文化内涵等方面给予了充分的体现。

（7）关注节能环保——从充分利用原有地域自然人文及自然景观材料，电气系统设计等方面关注节能环保。

景观节点设计

（1）突出重点原则——突出重点、兼顾整体。

（2）突出自然原则——弱化人工痕迹，突出自然人文地理特点。

（3）整旧如旧原则——保护城市的历史记忆，让城市充满故事、富有魅力。

（4）尊重历史原则——以原有地域文化内涵来重现历史记忆。

（5）通透安全原则——地域的自然风光让一切阻挡观景视线的物体成为多余。在保证安全的前提下，景观中的安全维护结构通透简洁，让游人安全地接近和观赏自然美景。

（6）精致美化原则——区域景观用地的规模和空间形式决定了必须以精致取胜。

（7）融于城市原则——方案充分考虑各设计要素的“景观功能”与“观景功能”，景观功能是从城市的角度看基地空间，观景功能是从基地空间的角度看城市，景观与城市互为背景。

（8）市民参与原则——“景观功能”与“观景功能”都离不开市民的参与，景观空间中充分设置为“景观”与“观景”服务的设施，保证市民参与功能能够得到体现。

（9）适宜绿化原则——以环境友好和资源节约的原则来进行植物种类和种植方式的选择。

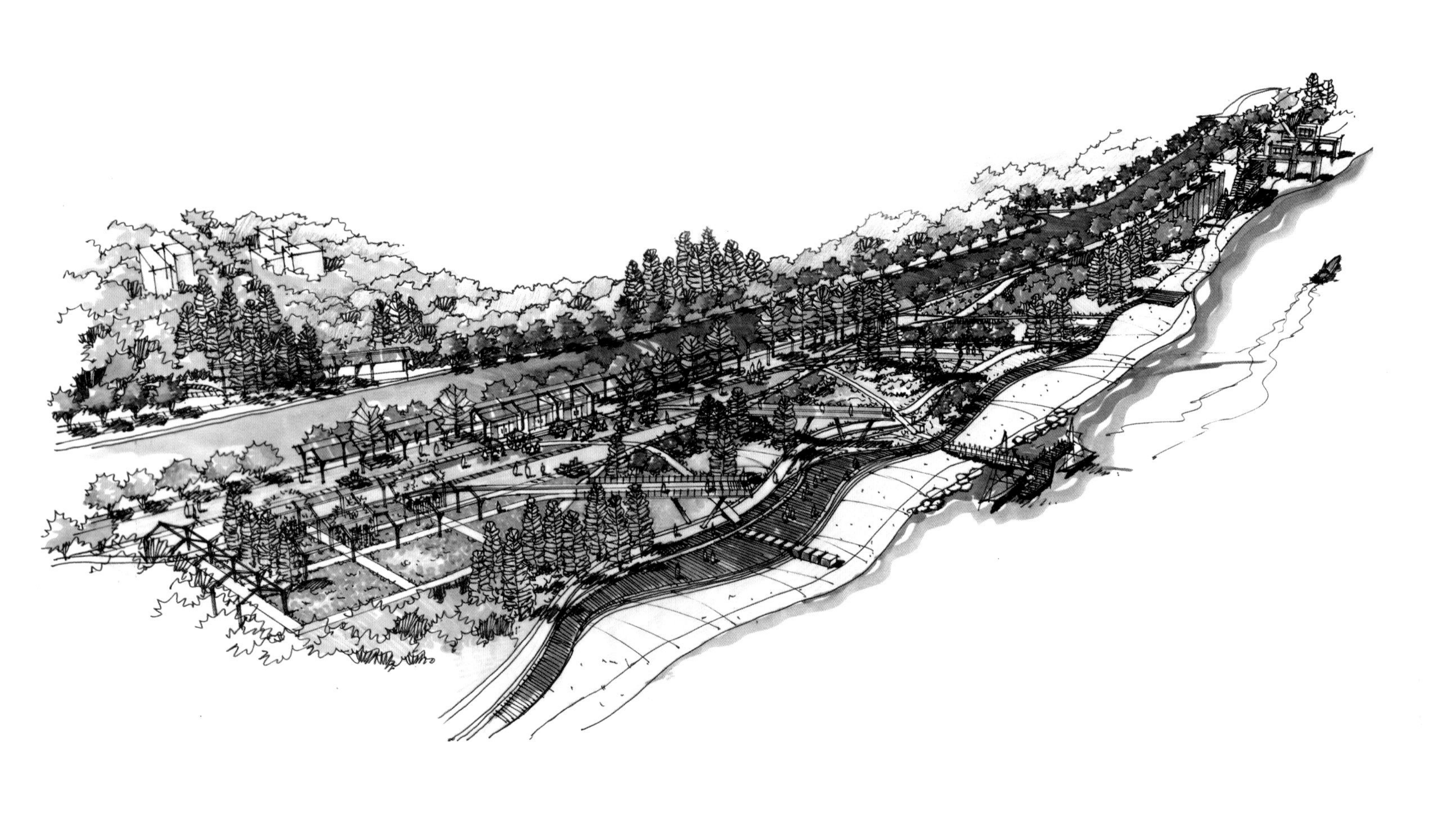

陵园路
殷家冲路
时尚根据地
火车广场
湘江大道
运动沙滩
城市阳台
猴子石路
南二环路
自然河滩

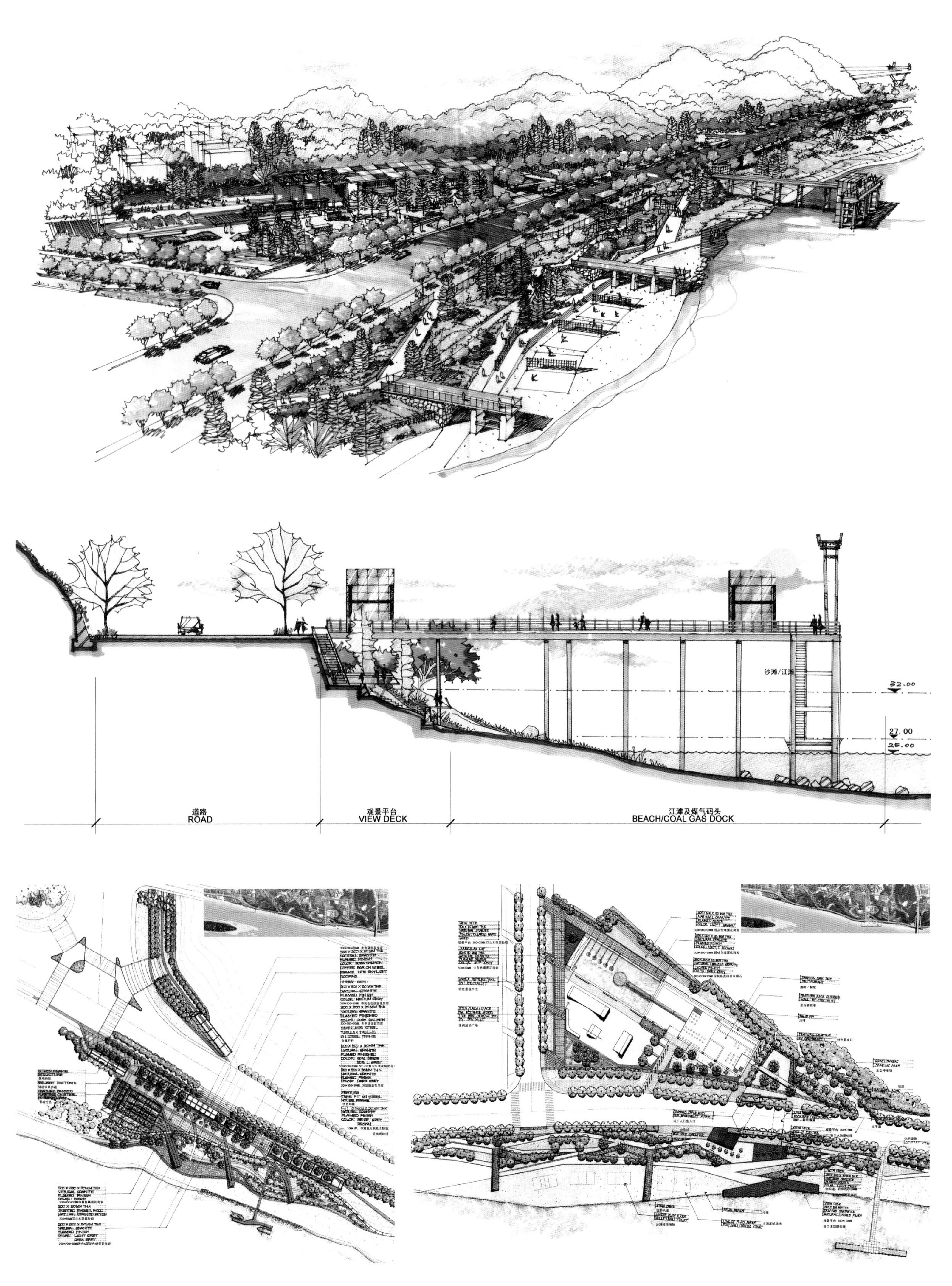
沙滩/江滩
32.00
27.00
25.00
道路
ROAD
观景平台
VIEW DECK
江滩及煤气码头
BEACH/COAL GAS DOCK

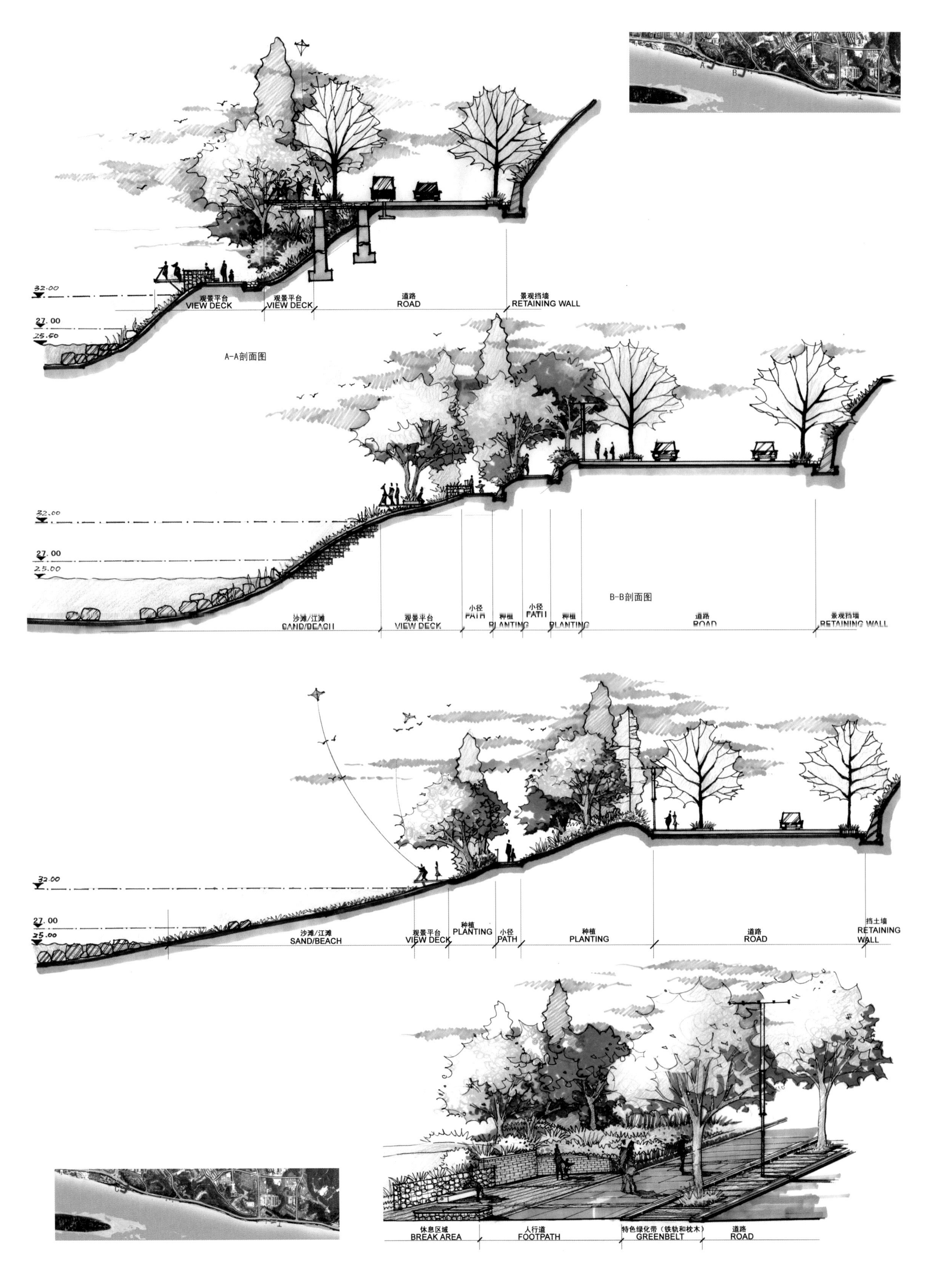
32.00
27.00
25.50
观景平台
VIEW DECK
观景平台
VIEW DECK
道路
ROAD
景观挡墙
RETAINING WALL
A-A剖面图
32.00
27.00
25.00
沙滩/江滩
SAND/BEACH
观景平台
VIEW DECK
小径
PATH
种植
PLANTING
小径
PATH
种植
PLANTING
B-B剖面图
道路
ROAD
景观挡墙
RETAINING WALL
32.00
27.00
25.00
沙滩/江滩
SAND/BEACH
观景平台
VIEW DECK
种植
PLANTING
小径
PATH
种植
PLANTING
道路
ROAD
挡土墙
RETAINING
WALL
休息区域
BREAK AREA
人行道
FOOTPATH
特色绿化带（铁轨和枕木）
GREENBELT
道路
ROAD